Yf 3528

SUR L'OPÉRA FRANÇAIS

VÉRITÉS DURES MAIS UTILES.

THÉATRES LYRIQUES DE PARIS.

L'ACADÉMIE IMPÉRIALE DE MUSIQUE, de 1635 à 1855, 2 vol. in-8. Prix : 15 fr.

L'OPÉRA-ITALIEN, de 1548 à 1856, 1 vol. in-8. 7 fr. 50 c.

L'OPÉRA-COMIQUE, de 1753 à 1856, 1 vol. in-8. 7 fr. 50. Sous presse.

Recueil de Musique, de 1100 à 1856, 1 vol. de 450 pages grand format, avec portraits. Prix net : 35 fr.

Chacun de ces quatre ouvrages sera livré séparément au gré des amateurs.

Le Recueil gravé des morceaux de chant et de symphonie qui depuis deux cents ans ont joui de la faveur du public à ces trois théâtres, à diverses époques, ou bien ont marqué d'heureux essais dans les progrès de l'art, sert de complément à ces trois histoires distinctes. Il se compose de 189 airs, duos, trios, quatuors, quintettes, scènes, romances, airs de ballet, ouvertures, chœurs, fragments, traits de chanteurs célèbres, présentés en partitions ou bien avec accompagnement du piano. C'est toute une bibliothèque historique à peu près inédite, un précieux répertoire de chanteur où les œuvres des anciens maîtres conduisent par degrés à ceux de la nouvelle école.

Paris. — Typ. Morris et Comp., rue Amelot, 64.

SUR

L'OPÉRA FRANÇAIS

VÉRITÉS DURES MAIS UTILES,

PRÉLUDE et CADENCE FINALE de l'Opéra-Italien de Paris,
de 1548 à 1856, in-8 de 544 pages.

PAR

CASTIL-BLAZE.

PRIX : 50 centimes.

PARIS
CASTIL-BLAZE, RUE BUFFAULT, 9,
ET CHEZ O. LEGOUIX,
Boulevard Poissonnière, 27, Maison du Bazar.

1856

Les Italiens ont inventé l'opéra; les Italiens ont modelé, fondu la statue dont ils ont gardé le moule. A certaines époques de transition, comme à présent, l'opéra semble éteint. S'il doit renaître un jour, ce ne sera qu'en Italie, pays où l'art des vers est connu, pratiqué. Un Mozart, un Paisiello bambin prélude sans doute en quelque lieu secret, et va s'élancer radieux pour s'emparer du trône vacant.

Le drame lyrique est comme une religion que chacun arrange à sa manière; mais la foi, les bonnes œuvres n'existent qu'en Italie, et parmi les étrangers combattant sous la bannière de Gluck et de Cimarosa. Les Français, croyant imiter les Italiens, se sont fait un spectacle à leur guise, où, les vers exceptés, on rencontre les éléments dont un opéra se compose. Spectacle suffisant à leurs besoins, à leur intelligence poético-musicale encore obtuse, nébuleuse. Spectacle somptueux mais bizarre, ayant reçu le nom d'*opéra*, bien qu'il se borne à reproduire les essais timides, informes et trop souvent barbares de l'ancien temps; les *feste teatrale*, mélodrames à grands fracas de l'enfance de l'art, où l'on trouvait de tout, excepté de la musique et des chanteurs. En deux siècles, a-t-on écrit pour nos académiciens, a-t-on écrit, je ne dirai pas une pièce, mais un rôle qu'un Galli, un Tamburini, un Davide, une Malibran, une Fodor n'eût pas refusé?

Je nomme ici *musiciens italiens* tous les maîtres qui nous ont donné des partitions écrites sur des vers italiens. N'en doutez pas, le charme délicieux, irrésistible, l'énergie, les effets d'ensemble et de rhythme qui soulèvent, électrisent un auditoire immense et lui font pousser des cris d'admiration ; toutes les séductions du drame lyrique italien ont pour fondement, pour cause première, essentielle, indispensable, le livret poétique d'une harmonieuse symétrie, d'une cadence parfaite, sur lequel un Mozart, un Rossini vient poser sa mélodie, ses accords ; et cette mélodie revêtira naturellement les formes élégantes des vers. La draperie accuse, annonce les gracieux contours du modèle. On peut faire de bien pauvre musique sur les vers d'un poète ; mais il est impossible de composer, sur la rimaille des paroliers, un opéra chantable, un opéra qui ne mette point au supplice des auditeurs un peu civilisés.

I Francesi hanno orecchie di corno. Voilà ce que l'Europe malicieuse dit et redit sur tous les tons. On ne m'accusera pas d'être l'auteur de ce proverbe, ou de l'avoir mis en variations. En effet l'oreille des Français ne s'offense en aucune manière des effroyables tiraillements de mots et de syllabes, des cacophonies, des temps faux qui révolteraient toute une population exercée à l'accent poétique. Piccinni, Salieri, Sacchini, Spontini, Rossini ont doté notre Académie de plusieurs chefs-d'œuvre. Il semblait naturel que l'Italie reprît son bien, qu'elle ramenât au musée national ces trésors égarés ; elle en éprouvait le besoin ; mais la structure monstrueuse de notre prose rimée, *intraduisible en vers italiens*, s'est toujours opposée à cette réclamation aussi juste qu'elle était désirée.

Si le *Tarare* français a pris et gardé sa place au répertoire italien, c'est que l'ingénieux Da Ponte avait démoli, reconstruit, versifié le livret de Beaumarchais. *Tarare*, ainsi régénéré, devint *Assur rè d'Ormus*, drame excellent, pour lequel Salieri démolit à son tour et recomposa sa musique. Pourquoi n'a-t-on pas entrepris la même refonte pour le sublime *Guillaume Tell ?* Rentoilé par un Da Ponte, par un Romani, le superbe tableau brillerait enfin de tout son éclat, en nous révélant des beautés ignorées. Figurez-vous ce que serait le chef-d'œuvre du maître, s'il était dit avec la perfection tant de fois admirée dans l'exécution d'*Otello*, de *la Gazza ladra*, de *Semiramide*. Le talent des virtuoses ne viendrait plus s'éteindre ou se briser sur la prose rocailleuse d'un parolier.

Vous voyez que la sonorité limpide et musicale de l'idiome toscan, sonorité si généralement vantée, est insuffisante pour faire agréer en Italie un opéra français traduit en italien. La mélodie écrite sur une prose inerte, rebutante ne pourra *jamais* s'unir à des vers harmonieux; et la plus belle cantilène, modulée sur des lignes de prose, va faire reculer d'horreur une assemblée qui se plaît aux dessins, aux figures du rhythme. Comme les anciens Romains, elle sifflerait pour une seule faute contre la cadence ou la quantité. Cicéron nous le dit : *Exsibilatur histrio, si paulùm se movit extrà numerum, aut si versus pronunciatus syllabâ brevior aut longior.*

Il est un autre moyen de transplanter les opéras français en Italie; moyen plus simple, plus expéditif, et dont les résultats sont toujours excellents. Prenez de bons livrets, tels que *Nina, Sémiramis, Euphrosine et Coradin, Camille, Lodoïska, les Deux Journées, Cendrillon, la Somnambule, Jean de Paris, le Philtre,* etc. Un poète met en vers italiens la prose française, prépare avec artifice et double ainsi l'effet des situations musicales; de nouveaux maîtres font chanter ce que l'on a rendu chantable, et l'Italie accueille avec enthousiasme *Nina, Semiramide, Matilde di Sabran, Camilla, Lodoiska, le Due Giornate, Cenerentola, Gianni di Parigi, la Sonnambula, l'Elisire d'Amore,* etc.

Privés du sentiment de la musique, nos journalistes accablaient de leur mépris les livrets italiens. C'était l'usage. Geoffroy, ses émules, s'obstinaient à juger une *opera buffa* comme on fait une œuvre littéraire, sans se douter que les parades les plus folles devaient servir de canevas aux plus belles inspirations d'un Paisiello, d'un Guglielmi, d'un Cimarosa.

Pendant le XVIIIe siècle, âge d'or de l'opéra italien, lorsque de merveilleux chanteurs exécutaient les œuvres de quatre générations de maîtres sans rivaux, la musique avait acquis un tel empire sur le drame, que le public revoyait sans cesse les mêmes pièces rajeunies avec une mélodie nouvelle. Vingt, trente, soixante compositeurs s'exerçaient ensemble, tour à tour sur les poëmes d'Apostolo Zeno, de Calsabigi, de Métastase. Presque tous les maîtres ont musiqué le *Demofonte*, l'*Artaserse*, la *Didone*, l'*Olimpiade* surtout, œuvre charmante de ce dernier. C'était une pièce de concours, et la manière dont ils traitaient l'air : *Se cerca, se dice*, le duo : *Ne' giorni tuoi felici*, marquait le rang qui devait leur être assigné parmi les illustres. Bien mieux ! plusieurs se plaisaient à faire le thème en deux et même en trois façons. Piccinni, Sacchini composèrent chacun deux partitions différentes sur l'*Olimpiade*; Jomelli en écrivit deux sur *Didone*, deux sur *Demofonte*; Hasse, deux sur *Nitteti*, deux sur *Artemisia*, deux sur *Artaserse* et trois sur *Arminio*.

Ces livrets d'opéras étaient si bien conduits, si bien versifiés et mis en scène, qu'il suffisait de les traduire pour les convertir en tragédies françaises. *Didone*, *Issipile*, *Artaserse*, de Métastase ; *Ipermestra*, de Calsabigi, sont devenus *Didon*, *Zelmire*, *Artaxerce*, *Hypermnestre* sous la main de nos arrangeurs.

La retraite des sopranistes, vers 1800, l'absence de ces foudres de guerre aurait frappé de mort l'*opera seria*, si l'on ne s'était avisé de la restaurer au moyen des drames nouveaux fortement conçus, d'une originalité précieuse, empruntés à notre répertoire, le plus riche qu'il y ait au monde. Nos tragédies, drames, comédies, opéras, vaudevilles, mélodrames, nos ballets mêmes, traduits, ajustés en vers mesurés, bien sonnants, fournirent un assortiment de livrets aux musiciens de l'Italie. Des virtuoses, joignant au charme de leur voix un superbe talent dramatique, donnèrent à l'*opera seria* cette perfection que nous avons mille fois applaudie. Les Pisaroni, les Pasta, le casque en tête, l'épée à la main, furent admises à tenir la place des sopranistes, et la patrie fut sauvée.

Si les mariniers de l'Adriatique improvisent des chants sur les vers épiques de Dante, de Tasse, d'Arioste, c'est que l'épopée même est cadencée en vers chez les Italiens. Ces gondoliers, ces musiciens rustiques moduleraient-ils une seule période sur de la prose rimée dans le goût de celle de tous nos poëtes ? Je défie la France entière de chanter fidèlement un des quinze ou dix-huit cent mille airs-de-cour, voix-de-ville, chansons, ballades, brunettes, complaintes, odes, cantates, hymnes, lais, virelais, romances, villanelles ou cantiques écrits par ses académiciens et leurs apprentis. Croyez que les paroles ou les notes auraient subi de cruelles entorses dès le second couplet, peut-être même avant la fin du premier. De là vient la récitation burlesque mais rationnelle des acteurs de vaudeville, condamnés à murmurer, fredonner, bredouiller ce qui n'est pas chantable. Lorsqu'un de ces virtuoses sait adroitement rompre la mesure, le rhythme, faisant succéder la voix parlante à quelques intonations musicales, *il dit bien le couplet*. Oui, sans doute, il le dit bien, puisqu'il a massacré l'air afin de présenter les mots sans en altérer l'accent. C'est ainsi que toute la musique vocale française devrait être récitée; on saurait du moins ce que veulent dire nos acteurs d'opéra.

Dans un pays où le mécanisme des vers est encore ignoré, le public doit rester insensible à la cadence poétique; chanson, cantique ou romance, il estropie tout. Il n'est point surpris de rencontrer au théâtre les atrocités prosodiques dont il s'est nourri dès l'enfance. Il s'y complaît, il ne suppose même pas que l'on doive, que l'on puisse faire autrement. Un reste de bon naturel, que ses études universitaires n'auront pu détruire, va cependant le porter à dire : — La musique française est fort agréable, mais la musique italienne ravit, enchante, elle a je ne sais quel charme secret qui nous entraîne. » Ce charme, c'est le rhythme, la cadence du poète; c'est une heureuse distribution des paroles, des accents qui prépare, dessine, charpente, décore et soutient l'édifice harmonique.

Musique italienne, musique française, ces mots sur lesquels on a disputé, ratiociné pendant plus de deux siècles; ces mots, texte d'un millier de lettres, de mémoires, de pamphlets, de feuilletons écrits, imprimés sur des montagnes de papier; ces mots que la Discorde a secoués si longtemps sur nos têtes, ont cessé d'être l'objet d'une lutte acharnée depuis que le mal est connu. J'en ai découvert la cause, et j'ai pu réduire la question à ces termes clairs et précis;

La musique italienne est en vers.
La musique française est en prose.

La musique d'*Orfeo* (Gluck), do *Don Giovanni*, d'*Assur rè d'Ormus*, d'*Otello*, de *Lucia*, de *Norma*, est en vers, donc c'est de la musique italienne. Elle procède avec grace, majestueusement ou s'élance au galop sur une large route, que les poètes ont affermie, aplanie. Course au Champ-de-Mars.

La musique d'*Armide* (Gluck), de *Didon*, de *Tarare*, d'*Œdipe à Colone*, de *la Vestale*, de *Guillaume Tell*, est en prose, c'est-à-dire écrite sur de la prose, donc c'est de la musique française. Elle va broncher, trébucher, patauger, tomber dans les broussailles, les roches, les marais, les ravins, que des paroliers ignorants, sans oreille, ont jetés, creusés sur le steppe qu'elle doit traverser. Course au clocher.

On ne saurait imaginer sur quel fumier, sur quel amas d'ordures et d'infamies repose l'admirable partition de *Guillaume Tell*. Les diamants de Rossini, l'étoffe riche, élégante et somptueuse du maître ont couvert les infirmités de Jouy, du manœuvre qu'il s'était adjoint, et notre public n'a pas réclamé contre l'union de tant de misère à l'œuvre merveilleux du génie ! Un opéra bâti sur de la prose ne pouvait être dit, écouté par des Italiens ; leur oreille exercée à la musique des poètes n'a point trouvé son compte, et le chef-d'œuvre rossinien, que l'on desirait ardemment, que l'on aurait voulu posséder, entendre jusqu'à la fin du siècle, n'a pu s'établir au répertoire délabré des théâtres d'Italie.

Voyez s'il faut que le rhythme poétique soit une volonté fatale, un impérieux besoin de notre oreille, puisque le prodigieux *Guillaume Tell* est arrêté par la douane italienne dans un temps de stérilité, de famine. Attribuez encore à l'idiome toscan des miracles de charme et de sonorité; ne cesse-t-il pas de les produire quand l'artifice du poète vient à lui manquer? Forcés d'ajuster, de rengréner le prosaïsme des paroliers sous une mélodie écrite, imprimée et consacrée, les traducteurs italiens deviennent aussi stupides qu'un Jouy, qu'un Soumet, que toute une Académie française.

Le fils | des dieux, | le successeur d'Alcide. |

Cette ligne flasque, boiteuse et rampante d'*Œdipe à Colone*, où trois pieds répondent à deux, va se changer en un vers excellent, si je lui donne la cadence, la symétrie de temps que l'oreille demande, que la mélodie appelle à grand cris.

Le fils | des dieux, | l'ami | d'Alcide, |

sera chanté par toutes les voix civilisées ; mais il faudra rectifier aussi le motif que le musicien Sacchini a forcément dégradé sur ce point. Le plus adroit couturier, habillant un bossu, ne peut esquiver l'obligation de ménager les cavités nécessaires pour emboîter les mandolines du polichinelle. Toutes les partitions que les maîtres italiens ont écrites pour notre Académie sont des justaucorps modelés sur des bossus, et ne sauraient s'adapter à la taille élégante et toujours bien prise de la poésie toscane. Il faut donc que les opéras ainsi bâtis s'arrêtent dans un pays de sourds, de maléficiés, dans un pays où leurs difformités hideuses peuvent rester encore inaperçues.

Vous souvient-il d'avoir vu le géant Gulliver sur le dos étendu, jambes et bras liés, garrottés, ayant à chacun de ses poils une chevillette qui l'attache, le cloue à la terre ? Ce Gulliver si bien ficelé, muselé par la fourmillière lilliputienne, vous représente à ravir un compositeur italien immergé dans le fatras des paroliers français, et mis en présence d'un triolet tel que celui-ci :

Les cruels Mexicains ferment tous les passages :
Ces tristes rivages
Ne nous présentent plus que les fers ou la mort.

Voilà ce que nos barbouilleurs de l'Institut appellent des *vers lyriques*. Est-il une phrase musicale assez tortue et rabougrie pour s'unir à ce triolet, dont la seconde ligne, trop courte, romprait la cadence de la première et de la troisième, si toutefois cette cadence existait ? Il faut nécessairement que le musicien devienne à son tour prosateur, qu'il démolisse, allonge et reconstruise le triolet pour y trouver un simulacre de mesure, qui lui permette de faire marcher à peu près d'aplomb ses choristes. Je vous ai montré l'invention de l'académicien Jouy; nous devons un brevet de perfectionnement à Spontini, qui, dans la position peu commode, il est vrai, de Gulliver, a pu se fabriquer les douze anapestes suivants, dont trois frappent solidement à faux. A chaque verset, une bévue, un casse-cou!

> Les cru | els Mexi | cains ferment | *tous* les pas | sa-
> ges ces | tristes ri | vages ne | *présentent* | plus,
> Ne nous | *présentent* | plus que les | fers ou la | mort.

Tel est l'argot qu'on chante à l'Opéra. Notre cadette Académie ne devrait-elle pas suivre l'exemple de l'aînée, en publiant le dictionnaire du langage qu'elle se fait? Nous saurions alors ce que signifient les mots barbares qui s'élancent par millions de son kaléidoscope de sottises, les mots tels que *fermetou, genepré, nenoupré*. Et 200 virtuoses sont rassemblés pour dégoiser, pour accompagner cette rimaille algonquine! Et, naïvement, on a mis cet objet curieux à l'exposition de l'industrie! Quel défi! mais aussi quel triomphe pour l'étranger, s'il avait compris ce que les Parisiens cherchent encore à deviner!

Pour établir un rhythme énergique et rapide, il faut d'abord se débarrasser de nos pluriels féminins : ils donneraient quatre syllabes à la musique lorsqu'elle ne pourrait en employer que trois. Cette quatrième, superflue, féconde en ressauts, ira s'éteindre alors par l'élision à propos ménagée, et vous chanterez vivement, librement, avec toute la confiance, la sonorité, l'aplomb, la vigueur des Italiens et des Allemands :

> Les cru | els Mexi | cains ont fer | mé le pas | sa-
> ge : O mal | heur | c'en est | fait! ce fu | neste ri | va-
> ge, A nos | yeux n'offre | plus que les | fers ou la | mort.

Faites vibrer, tonner ces vers dans *Fernand Cortez*, vous triplerez l'effet vocal de nos excellents choristes, et l'assistance entière saura ce qu'ils auront dit. Ils chanteront alors, au lieu de perdre leur souffle et leur peine à triturer des mots raboteux, portant à faux, brisés, pilés de telle sorte qu'ils deviennent inintelligibles. C'est l'accent qui fait briller, sonner les mots, qui met au grand jour leur physionomie.

Dans *Robert-le-Diable*, le musicien est aussi devenu poète en ajoutant des insectes monosyllabes, tels que *ô, et, donc, ah,* dans la chanson vénitienne *Fortune à ton caprice*, afin de combler plusieurs temps faux de la prose. Cette *Biondina in gondoletta* qui marchait d'aplomb avec ses vers italiens, clopine maintenant au point qu'elle reste le pied en l'air, et réclame depuis vingt-cinq ans une cadence finale et régulière. C'est encore un de ces gâchis que je recommande à la curiosité des amateurs.

Vous plaît-il de mesurer, à l'instant et sans la moindre peine, toute la profondeur de l'abîme qui sépare les vers lyriques de la prose rimée? Jetez les yeux sur les ballets de Butti, de Benserade; sur les divertissements des comédies de Molière, de Regnard, où des stances italiennes, espagnoles, d'un rhythme excellent, figurent au-dessus, au-dessous de la rimaille française. Voyez, lisez, scandez et jugez.

Vous avez des professeurs de poésie latine, et pas un de nos docteurs en chaire, pas un! n'a reçu la mission de prouver qu'il était possible de faire des vers français, des vers mesurés, réels, que l'on substituerait à l'immonde prose rimée de nos œuvres lyriques. Calomnier, vilipender l'idiome français est la ressource des eunuques; rejeter sur les défauts méchamment attribués à notre langue les turpitudes, les méfaits dus à la maladresse bien constatée des ouvriers, est un moyen usé qu'il faudrait abandonner enfin.

Depuis la grande *Symphonie pastorale* jusqu'à la valse infiniment brève de *Robin-des-Bois*, toutes les pièces instrumentales se composent de vers musicaux, formant des quatrains dont les rimes et la mesure sont indiquées avec une rare précision. S'il vous plaît d'ajuster des paroles sur les mélodies destinées au clavier, à l'archet comme à l'embouchure, ces paroles, calquées sur les vers *musicaux*, vous donneront des vers *poétiques* d'un mètre parfait. Ce que je dis est prouvé par les exemples offerts sous les n°s 21 et 107 à 114 des planches. La musique instrumentale a charmé ses auditeurs de tous les pays sans que personne se soit avisé d'établir une distinction entre les œuvres françaises et les productions de l'Italie. Nos virtuoses exécutent, nos amateurs accueillent avec une égale satisfaction les pièces de clavecin de Couperin et celles de Scarlatti, les sonates de violon de Leclair et celles de Corelli, les concertos de Rode et ceux de Viotti, les quintettes d'Onslow et ceux de Boccherini, les ouvertures de Méhul et celles de Cherubini. Il n'existe pas, il ne peut exister deux musiques dans le monde civilisé. La musique française ne saurait être la rivale infortunée de la musique italienne, puisque la constitution de l'une et de l'autre est la même. Elles marchent de pair tant que le clavier, l'archet ou l'embouchure sont leurs interprètes. Mais si vous êtes assez imprudents, assez maladroits pour associer de la prose à cette musique disposée, notée en vers cadencés admirablement; si vous altérez, saccagez, détruisez le rhythme puissant, victorieux de cette musique en lui donnant à traîner des mots filandreux qu'elle ne saurait gouverner qu'en les pulvérisant (témoin les anapestes de Spontini); si les cadences fausses de votre prose viennent déchirer l'oreille que les justes cadences de la mélodie allaient charmer, l'Europe entière va crier haro sur la musique française, et l'accuser hautement des dommages qu'elle n'a point causés, des méfaits dont elle est victime, qu'elle déplore, et dont vous la rendez responsable.

> Pourquoi te trouvais-tu, reprit le villageois,
> En si mauvaise compagnie ?

Eh bien! cette musique vocale, d'un aspect si désagréable, d'un effet si constamment acerbe, cette musique dramatique française, que l'on dit si pauvre, possède un trésor, un diamant, une escarboucle; et ce trésor, c'est son auditoire!... Oui, son auditoire, prodige en 1836! La civilisation doit l'en priver un jour, mais alors nos paroliers, devenus poètes, permettront à nos musiciens de changer de gamme, et de triompher avec les voix comme ils ont fait toujours avec les instruments.

Le palais des Champs-Élysées nous montre la France distribuant des couronnes aux habitants du pays comme aux étrangers. Des prix sont décernés à ceux dont l'ingénieuse et patiente industrie, en faisant germer, prospérer la graisse des bœufs, affranchit les coursiers de ce fardeau nuisible; à ceux qui présentent des ânes bien membrés, bien plantés, dressant de superbes oreilles, comme s'ils flairaient une cantate rimée pour l'Institut. Vous rémunérez ceux qui font rouler à vos pieds la sphère immense d'un potiron; ceux qui vous amènent des coqs d'Inde assez grands, assez forts pour trainer un cabriolet; ceux que l'invention d'une poire, d'une pomme, d'une fraise recommande à l'Académie des gastrolatres. Un virtuoso de Beni-Moussa voit avec orgueil la médaille de cent francs appendue au cou de sa truie. C'est à merveille, parfait; on ne saurait trop favoriser la fabrication des bifteks, des pieds de cochon, des volatiles précieux que la truffe doit aromatiser.

Vous encouragez aussi les arts dont les produits sont d'une brillante et noble inutilité; les métaux, les diamants, les perles façonnés en bijoux; le fil, la soie, l'or tressés, tissés en voiles transparents où se dessinent de magiques broderies; les candélabres de cristal, les coupes d'agathe, de mousseline, etc., etc. Vous applaudissez à la conquête des camélias, des cactus, des orchidées; au perfectionnement des paquerettes, des balsamines et des coquelicots; une fortune est promise à celui qui nous donnera le dalia vivement azuré. Quel bonheur! quelle gloire! si nous pouvons un jour passer au bleu ces milliers de pétales d'une entière blancheur! Des récompenses pour les jardiniers fleuristes, pour les peintres, les statuaires et pas une simple médaille pour les poètes favoris d'Apollon! tandis qu'à Beni-Moussa!...

Tous les arts étaient couronnés aux jeux olympiques, et la poésie y tenait le rang suprême. D'accord, mais Pindare, Simonide, Alcée, Stésichore savaient faire les vers, et la France ne pouvait sans imprudence mettre au concours une denrée que ses indigènes lui refusent obstinément. A cet égard, il sont encore à l'état sauvage, et malades au point qu'ils ne sentent pas leur mal. N'est-ce pas une raison suffisante pour les guérir en les civilisant?

Proposez un prix de poésie, de drame lyrique; un prix noblement digne de cet autre dalia bleu, qu'il faudrait inventer enfin, acclimater en France. Proposez-le ce prix, mettez-le sur jeu franchement. Vous verrez alors si tout un peuple généreux, spirituel, doit rester et languir dans l'imbécillité finale de la prose, s'il doit continuer d'être la risée du monde poétique; parce que les impuissants, brévetés, intéressés à la consécration du mal, ne cesseront de bramer que tout est bien, au mieux. Refrain que disaient en chœur les mariniers du Weser, en brisant le premier vapeur de l'illustre et malheureux Papin. 1707.

Mettez sur jeu ce prix ; on le gagnera, bien que vos académies soient admises à le disputer; ce prix sera gagné, c'est moi qui vous le dis. L'importun pédagogue dont vos faiseurs tâchent de suivre les leçons, tout en le gratifiant de leurs railleries, ce pédagogue a formé des élèves qui poursuivront l'œuvre magistrale; et quand ils auront rhythmé le drame d'un opéra, vous irez sans crainte et sans vergogne en commander la musique aux voisins, qui cette fois l'adopteront. L'Italie n'a jamais repoussé les partitions que ses poètes ont pu traduire. Ils s'étaient vainement exercés, escrimés pour changer en vers la rimaille de *Guillaume Tell*, lorsque des *impresarj* desireux, impatients de posséder cette œuvre admirable, se contentèrent de la prose dont six avocats l'avaient affublée en désespoir de cause.

Des maîtres italiens sont mandés pour musiquer nos opéras français, que des virtuoses de toutes les nations exécutent. Nous avons soin d'orner l'œuvre mi-partie de tout ce que la scène a de plus brillant et de plus somptueux. Rien n'est épargné pour donner de l'éclat à la noce, aux parures de la mariée, sans nous apercevoir que l'héroïne de la fête,..... est une guenon. Édition nouvelle du livre de Benserade,

> J'en trouve tout fort beau,
> Papier, dorure, images, caractère,
> Hormis les vers.

Si la musique en prose est tolérée par les Français dans leur opéra sérieux, lourd et traînant, elle a frappé de langueur, de monotonie leur opéra comique. La prose marche en boitant, clopinant, trébuchant, mais elle marche ; oseriez-vous la faire galoper ? Ces airs, ces duos, ces trios, notes et paroles, courant à bride abattue, s'élançant à fond de train ; ces finales intrigués, d'un si brillant éclat, d'une allure si leste ; ces quatuors, ces quintettes, merveilles d'esprit, de verve et de folie, joyaux précieux de l'*opera buffa*, n'ont jamais pu se montrer dans vos opéras comiques. Hérold, Auber auraient fait chanter de la prose, si la prose du *Pré-z-aux-Clercs*, du *Maçon* pouvait être chantée d'aplomb, rapidement et sans accrocs. Un trio charmant, un duo parfait y sont ânonnés, bredouillés à dire d'experts, et le seront jusqu'à ce que la main d'un poète aplanisse la route en détruisant les obstacles de cette course au clocher. Faites mieux encore, traduisez en vers la rimaille entière du *Pré-z-aux-Clercs*, et vous aurez alors un opéra complet, sans rival chez vous, un bijou présentable à vos amis comme à vos ennemis. Cette heureuse transformation fera connaître enfin la musique d'Hérold. Dégagée des atrocités du parolier qui l'embarrassent, la dégradent, elle s'élancera libre, joyeuse, élégante ou passionnée, mais bien sonnante sur tous les points. Voilà comment il faut décrasser, rajeunir, embellir des chefs-d'œuvre, au lieu de les écraser sous le poids des timbales et des trombones.

Toute la vivacité, l'énergie spirituelle et bouffonne de nos gentils virtuoses d'opéra comique est dans leur dialogue parlé, dans leurs gestes, lazzies et grimaces. Comme un Lablache, une Malibran, ils ne peuvent être musicalement gais : on les oblige à chanter de la prose.

Ces chanteurs italiens que notre Académie royale de Musique bannit en 1754, parce qu'ils plaisaient à ses fidèles, et leur apportaient les bienfaits de la civilisation ; ces virtuoses proscrits sont maintenant appelés, engagés à grands frais par cette même Académie, qui, sous un titre nouveau, n'en reste pas moins l'opéra français dans sa barbarie native, et dégoisant son argot accoutumé. De beaux noms sur l'affiche, des trésors enlevés au voisin et dont la jouissance nous est interdite, là se borne le résultat de ces enrôlements somptueux. Monté sur Bride-d'Or, armé de sa Durandal, le roi des preux, le fier Roland va triompher d'un millier de Sarrasins ; croyez-vous que le paladin redoutable conservera tous ses avantages si vous lui donnez le palefroi de Sancho, le cimeterre d'Arlequin? Un foudre de guerre italien, un Rubini, un Tamburini, un Lablache, une Pasta, exilés à notre Académie, y prennent la condition peu satisfaisante de l'oiseau dans la glu, du poisson dans le foin. Inutile comme la toilette d'une vieille femme, leur talent y va périr d'inanition. Le sacrifice est énorme, il doit être payé plus que libéralement.

Les danseurs n'ont pas besoin de connaître le langage d'un pays pour s'y faire comprendre, admirer, applaudir ; et voilà pourquoi nos ballets sont d'une si rare perfection. Français, Italiens, Espagnols, Anglais, Allemands, Polonais, Russes, tous s'y montrent sages des pieds et des mains. Comme le ballérin Démétrius, que Lucien a rendu célèbre, ils font jouer un même télégraphe.

Si les Italiens ne peuvent pas chanter à notre Académie, c'est que le baragouin en usage à ce théâtre est antipathique, révoltant au point qu'une oreille exercée ne saurait le supporter. Ce n'est pas du français, mais une mixture, un pudding de mots coupés, brisés, parfaitement inintelligibles même pour un auditoire parisien. Vous ameneriez à cette Académie des Farinelli, des Gabrielli, qu'ils seraient désarmés, terrassés, étranglés dès la seconde phrase.

Lorsque dans une soirée, dans un bal, on offre du punch, vous plaît-il d'en accepter un verre? Reconnaissez-vous au passage les trois éléments dont cette liqueur charmante se compose? Si vous aimez le punch vous êtes musicien, ou du moins heureusement disposé pour entendre et goûter les œuvres de nos Amphions.

La musique est un punch réel, un punch dont la tonique, la tierce et la quinte sont fournies par le rum, le sucre et le citron : accord parfait qui se lie, se mêle, se forme dans le vase. Accord doux, piquant, énergique ; ensemble ravissant dont les précieuses fractions donnent un reflet de topaze à l'harmonica de cristal en bataille rangé. L'œil est flatté d'abord très-agréablement, l'odorat et le goût auront bientôt leur tour.

Cet accord, tout parfait qu'il soit, ne vous paraît pas fort ingénieux. Tonique, médiante, dominante, c'est un peu vulgaire, direz-vous, c'est nous mettre à la gamme. Eh bien! chantons plus haut, et la musique entière, comme l'accord parfait, sera formée avec trois ingrédients, adroitement agglomérés; un punch composé de mélodie, d'harmonie et de rhythme. Enlevez à la musique une de ces parties essentielles, un de ces moyens puissants, vous ne la détruirez point, j'en conviens; mais cette musique ainsi mutilée, frappera des coups incertains, elle n'attaquera point l'oreille et le cœur avec franchise, avec énergie. Une œuvre de peinture, de sculpture, doit réunir aussi trois qualités indispensables: invention, sentiment, exécution. Un opéra se compose de vers, de chant et de sonnerie instrumentale. Si vous desirez battre en brèche et renverser des remparts de granit, il faut tirer de trois points différents sur un même but, établir un feu croisé. Le punch, toujours le punch! Ma comparaison est vulgaire, mais elle est vraie, juste; en musique, rien de faux ne peut être admis.

Otez au punch le rum, vous n'aurez plus du punch, mais de la limonade. Supprimez le sucre, il restera du rum acidulé. Enlevez le citron, il faudra vous contenter du grog, de l'alcool sucré. Toutes ces combinaisons peuvent plaire à certains gouts, mais elles ne feront éprouver à l'amateur de punch qu'une jouissance très imparfaite. Il finira peut-être par s'accoutumer au breuvage. S'il veut bien l'accepter, ce ne sera point sans hésitation, sans interroger son gout pour lui demander raison des sensations dont on le prive. Le gourmet ne vous désignera peut-être pas d'abord ce qu'il cherche et ne trouve point; mais, certes, il vous dira qu'il lui manque, en effet, quelque chose, et que son plaisir n'est pas complet.

Des maîtres fort habiles en contrepoint semblent persuadés qu'ils vont satisfaire leurs auditeurs en les bourrant d'accords bizarres et tourmentés avec un singulier artifice. Croyez-vous les dégustateurs assez niais pour ne pas s'apercevoir qu'on les prive du sucre de la mélodie? D'autres musiciens feront preuve d'une brillante imagination, et seront incapables de tirer parti de leurs motifs élégants et pleins d'originalité. Leur mélodie planera sur des accompagnements insipides, plats, inanimés, vides, sans mesure, sans énergie, frappant à faux ; et cette cantilène, vrai cauchemar pour une oreille musicienne, la charmera plus tard lorsqu'une fileuse, un chiffonnier, la chantera bien ou mal dans la rue. Elle montrera ses formes gracieuses dès que le chiffonnier virtuose l'aura débarrassée des haillons d'une harmonie stupide. Le chanteur en scène disait des choses charmantes, et l'orchestre lui répondait par des trivialités, des accords d'une banalité révoltante, et que l'oreille repousse avec dégout. L'auteur nous a refusé le rum de l'harmonie et sa limonade affadit.

S'il n'y avait point de par le monde musical des littérateurs français, des faiseurs de drames prétendus lyriques, dont les lignes rimées sont dépourvues de toute espèce de mesure, de cadence, d'accent; livrets où le vers boiteux est suivi du vers bancal, où la phrase bossue appelle une phrase sourde et rachitique, je n'aurais point à signaler le défaut de rhythme, l'absence du citron. Presque tous les musiciens se montrent sensibles au rhythme, rien de plus facile que d'en observer les lois, et de donner à l'oreille cette précieuse et charmante symétrie qu'elle réclame, qu'elle exige impérieusement. La rimaille de nos prosateurs s'y oppose et la musique française de chant est d'un ridicule intolérable, inouï, prodigieux à l'égard de l'accent, de la cadence et de la mesure. Si notre public paraît la subir avec résignation, c'est qu'une longue habitude a brisé son tympan, l'a façonné dès l'âge le plus tendre au choc bizarre et déplaisant de notes égarées sur la trace de mots assemblés au hasard, aux fragments de mélodie qui ne sympathisent entre eux en aucune manière, aux temps faux, aux dessins brisés, torturés, aux demandes sans objet, aux réponses fallacieuses. Interrogez la foule qui se presse dans les foyers de l'Opéra, sur les boulevards, dans les cercles et les cafés ; consultez ce peuple d'amateurs sur les résultats de cette musique française de chant, dont ils sont forcés, contraints de se nourrir parce qu'ils n'en ont jamais eu d'autre, ils vous diront tous : — C'est bien, mais !... » Le voyez-vous ce *mais!* qui va nous ramener à ce que j'ai dit précédemment. — C'est bien, mais pourtant les musiques allemande, espagnole, italienne, ont je ne sais quoi, je ne sais quel charme secret, que nos opéras français ne possèdent point. »

Ce charme, secret pour vous! mais bien connu des musiciens, c'est le rhythme dont la puissance irrésistible agit toujours victorieusement sur l'auditoire ; soit qu'elle suive les molles ondulations du ruisseau de Beethoven, soit qu'elle entraîne et renverse tout comme les torrents de Rossini, de Weber ou de ce même Beethoven. Ce je ne sais quoi, c'est encore le rhythme, la mesure, la cadence, la symétrie si bien observée par les peintres, les sculpteurs, les soldats, et dont l'architecture, la poésie et la musique ne sauraient se passer. Symétrie que vous établissez avec un soin particulier dans les ornements de votre salon, de votre boudoir. Deux vases, deux flambeaux y figurent à droite, à gauche de la pendule, et sont en harmonie de matière, de style avec cette horloge. Essayez de mettre une botte, une lanterne à la place d'un de ces vases, d'un de ces flambeaux, les aveugles seuls ne seront point choqués de l'horrible cacophonie. Admirerez-vous deux beaux yeux, si l'un regarde au ponant, l'autre au levant? Des yeux louches ne sont-ils pas une dissonance que rien ne peut sauver? Eh bien ! votre musique est louche, bigle, ne vous en déplaise.

Privés de toute cadence poétique et musicale, nos airs français ne sont pas chantables, aussi ne sont-ils pas chantés hors de la scène. Les amateurs les dédaignent, les étrangers s'en moquent. Ces airs si drôlement batis ne sont pas même exécutés au Conservatoire, dont les réglements, dictés dans l'intérêt de cette musique boiteuse, proscrivent les airs italiens, allemands. Mais, comme un air allemand, italien, devient un air français quand il module des paroles françaises, les élèves ont recours à ce moyen d'éluder la loi qui leur est imposée. Si le répertoire des opéras traduits ne leur fournit pas des cavatines assez nouvelles, on verra ces jeunes virtuoses courir chez les traducteurs, afin d'en obtenir ces paroles françaises, passeport indispensable, réclamé par les statuts de notre Conservatoire. La procession de ces chanteurs désappointés se met en marche toutes les années à l'époque des concours; j'ai l'agrément de la voir défiler dans mon cabinet.

Faites-moi la grâce de me dire quels sont les opéras exécutés dans les exercices de ce même Conservatoire? Plusieurs m'ont affirmé que *le Barbier de Séville, la Pie voleuse* brillaient en tête de son répertoire.

Et pourquoi cette préférence anti-nationale et constante?

Parce qu'il n'y a pas dans toutes vos comédies mêlées de chants, une seule partition où les voix se trouvent adroitement combinées, un opéra dans lequel la prose marche d'accord avec la musique, une pièce où l'on puisse faire manœuvrer à la fois, et d'un seul coup, un soprane, un contralte, un ténor, un baryton, une basse noble, une basse comique, avec les chœurs assortissants. Toute la toilette de madame! comme vous l'auriez aussi dans *l'Italienne à Alger*, et cent autres compositions étrangères. En formant des élèves pour nos théâtres, on ne veut pas leur apprendre à patauger, ils ne barboteront que trop lorsqu'ils viendront en scène, devant le public, et qu'il faudra, sous peine de la vie, mastiquer, triturer le pudding géologique de nos paroliers.

Les directeurs de notre Conservatoire ont toujours été sages, prévoyants sur ce point essentiel. Mieux que moi, ces pères conscrits savaient et savent que *Zampa, le Pré-z-aux-Clercs*, œuvres de génie, d'immense talent, que nous devons couvrir de lauriers, sont nécessairement d'un résultat pauvre, déplorable au théâtre. Hérold en gémissait. Forcé d'écrire pour un assortiment de galoubets, n'ayant pas une seule voix grave à sa disposition, pouvait-il échelonner son édifice harmonique, le camper sur une base solide, et le nourrir également sur toutes ses lignes? Faites entendre ces deux opéras dans un exercice d'élèves, on saura que vous possédez plusieurs ténors, de nombreux sopranes; mais il faudra que, sur le programme, vous donniez l'inventaire, le contrôle des basses, des barytons, des contraltes que vous gardez en magasin, et qu'il vous est impossible d'amener sur le front de bandière.

Tous les cheveux blancs que l'on voyait sur la belle tête de Boieldieu, n'avaient pris de bonne heure ce reflet argenté qu'à la suite des contrariétés, des tourments que la rimaille des faiseurs de livrets causait à ce maître à chaque instant de sa vie. Vous savez comme il était délicat, susceptible, vétilleux sur l'observation du rhythme et de la prosodie. Les vers estropiés de ses fabricants l'arrêtaient six semaines sur la même phrase, il s'évertuait à la redresser, à la mettre au moins sur trois pieds s'il était impossible de la faire galoper sur quatre. Il s'inquiétait, gémissait, il en était malheureux. Vainement je l'exhortais à prendre son mal en patience, à compter sur l'immense barbarie de ses auditeurs, je lui chantais même une de ses plus jolies ariettes en la parodiant :

> Vous vous alarmez d'une mouche,
> Du rimeur suivez les faux pas;
> S'il ne peut marcher, qu'il se couche,
> En pièces mettez son fatras.

Boieldieu trouvait la plaisanterie de fort mauvais ton; il ne riait pas du tout. Sérieux comme le grand harmoniste Meyerbeer, lorsqu'il entend un air scintillant et joyeux de Rossini, il me disait : — Ces versicules sont pour moi des montagnes, je ne puis les soulever, les tailler, les ajuster à ma fantaisie. Si j'étais assez heureux pour obtenir des paroles mesurées, cadencées, je ne perdrais pas mon temps et mes peines à faire cadrer ces phrases irrégulières avec une mélodie qui doit être rhythmée. Je composerais six opéras au lieu d'un; j'en écrirais douze; l'impatience, le dépit, la mauvaise humeur, ne viendraient pas m'assiéger, abattre mes inspirations. »

Bon voisin, je compatissais à sa douleur, et toutes les fois que des accrocs l'arrêtaient, un messager m'apportait les versicules tortus que je redressais à l'instant. Il m'envoyait des pages entières. Je conservais ces autographes, collection précieuse, volumineuse surtout, une razzia m'en a privé; mais il est consolant de penser que les voleurs d'autographes ne les détruisent pas. Le nombre de ces pièces témoigne de l'embarras du musicien et des voyages de son courrier. J'étais alors sous le feu de la critique, feu qui me réjouissait infiniment ; il s'est, hélas ! éteint beaucoup trop tôt. Je passais pour le rimeur le plus ridicule que l'on eût jamais signalé. Rimeur pitoyable, j'en conviens de grand cœur ; pitoyable rimeur, ce titre ne saurait être contesté, puisque je prenais pitié des souffrances de Boieldieu, puisque je voulais bien corriger le thème des grands faiseurs.

Et pourtant ces barbouilleurs de prose rimée, dont l'oreille est plus dure que la croupe du cheval d'Henri IV, trottant sur le Pont-Neuf, ne sauraient faire un pas dans les rues de Paris sans fouler une page de cinquante lieues de long, fidèle image de la poésie lyrique, se composant d'éléments réguliers, aplanis. Veulent-ils retrouver le portrait ressemblant, la photographie de leurs tripotages littéraires destinés à d'infortunés musiciens ? Ces barbares rimeurs n'ont qu'à prolonger leur course jusqu'à Champigny, Bonneuil, Sucy, Chennevières, Ormesson, La Queue, etc. Dans ces villages, ils seront chez eux, sur leur terrain, se crottant jusqu'à l'échine, se brisant les pieds sur des moellons aigus, tortus, mal joints, trapezoïdes, qui vont faire bondir leur véhicule si le cheval passe de l'*andante* à l'*allegro*. Mais, dira-t-on, le pavé de Paris n'est pas d'une régularité parfaite, le carré s'y change souvent en parallélogrammes de diverses longueurs. Et voilà justement ce qui rend ma comparaison parfaite ! Allez dans un autre quartier vous y trouverez d'autres formes qui seront en harmonie avec elles-mêmes. Le dessin changera, c'est ce que nous desirons ; mais la régularité ne cessera pas d'exister. Je voudrais aussi rencontrer sur ce pavé des losanges, des triangles, des polygones symétriquement ajustés comme dans certaines salles à manger, vrais modèles de poésie lyrique. Un rhythme constant fatiguerait par son uniformité, les figures du rhythme se multiplient à l'infini, vous passez de l'une à l'autre et l'oreille se plaît à cette heureuse diversité. Mais vous devez être fidèle aux combinaisons nouvelles que vous saisissez en passant.

Voilà par quel adroit artifice Paisiello, Mozart, Cimarosa, Rossini, savent captiver l'attention d'un public enchanté pendant toute la durée d'un immense finale, riche de mélodies, il est vrai, mais capricieux, piquant sans cesse la curiosité par les images, les dessins variés qu'il présente à l'oreille. Ces peintres nous font voyager dans les bosquets d'Alcine ; à chaque détour, un paysage nouveau se présente, et ranime, soutient l'intérêt qui faiblirait sans cet heureux secours. Le finale de *Don Giovanni* dure 15 minutes; celui de *il Barbiere di Siviglia*, 21 et 1/2; celui d'*Otello*, 24; le quintette de *la Gazza ladra*, 27; et le finale de *Semiramide*, 30 minutes ; le temps nécessaire au piéton vigoureux pour aller de l'obélisque à la porte impériale du Louvre, en suivant le quai. Ces colosses de musique vous ont-ils jamais fait éprouver un instant de fatigue, d'ennui? Avez-vous pris votre plaisir en patience quand vous les écoutiez? Ces longs chemins sont parsemés de roses que la mélodie et le rhythme font naître sous vos pas. L'aiguille qui marche à votre ceinture a fait un demi-tour de cadran, et vous ne l'avez pas interrogée une seule fois! Mesure-t-on les heures de plaisir?

La durée d'un morceau de musique est physique et morale. Êtes-vous charmé? l'aiguille peut trotter *a piacere*. L'absence de la mélodie et du rhythme vous laissent-ils dans un calme plat? Cinq ou six minutes d'une telle psalmodie suffisent pour assommer gens et bêtes. Eh bien! ces finales opulents, ces groupes séducteurs sont encore à naître dans l'opéra français. Vous avez des queues d'acte, et pas un finale qui mérite ce nom; pas un de ces *adagio* larges comme la plaine des Sablons, tel que celui de *Semiramide*, *Qual mesto gemito!* et cinquante autres; pas un de ces ensembles délicieux, magiques où le rhythme caresse, agite mollement tout un auditoire, tels que l'imbroîle du brevet dans *le Nozze di Figaro*, ou bien *Questo è un nodo avvilupato*, de *Cenerentola*, etc., etc. Nos musiciens en composeraient de fort beaux, sans doute, mais il faudrait un poète lyrique, un poète réel et capable de leur en dessiner le croquis.

Je suis avocat, j'étais chasseur en mon jeune temps, et vous ne sauriez croire combien le droit et la chasse m'ont été d'un secours précieux dans mes explorations musicales. Au mois de mai, vous allez dans la plaine y siffler des cailles ; le rhythme du cri de l'oiseau, rhythme de l'iambe, est par vous répété fidèlement ; la caille vient à l'appel, la voilà presque sous le filet. Un coup, un seul que vous frappez à faux, détruit l'illusion du volatile fasciné, son oreille l'avertit de la ruse, il part à tire d'ailes et ne reviendra plus. Croyez-vous que nous soyions moins sensibles que les oiseaux ? si nous ne pouvons éviter par la fuite le choc d'un rhythme brisé maladroitement, il nous faut endurer sur place un tourment qui doit être suivi d'une infinité d'angoisses du même genre.

—Êtes-vous heureux ! disais-je à Boieldieu, vous avez musiqué deux vers parfaits en votre vie. Spontini seul peut se réjouir d'un pareil bonheur. Deux vers admirables de mesure et de cadence !

    Non, | rien n'a | dû chan | ger son | ame,
    Non, | rien n'a | dû chan | ger sa | foi.

—Le beau mérite ! Longchamps a fait deux vers mesurés parce qu'il n'en a fait qu'un. Jouy, dans *Fernand Cortez*, n'a-t-il pas employé le même procédé ?

    Je n'ai | plus qu'un de | sir, c'est ce | lui de te | plaire ;
    Je n'ai | plus qu'un be | soin, c'est ce | lui de t'ai | mer.

» Plus fortuné que moi, Spontini pouvait conclure sa période sur ces deux vers, tandis que j'étais forcé de continuer, de finir avec un distique effroyable, dont l'effet déchirait l'oreille déjà charmée par un début excellent. Voyez la suite, et dites-moi si la conclusion est digne de l'exorde ?

    Non, | rien n'a | dû chan | ger son | ame;
    Non, | rien n'a | dû chan | ger sa | foi.
    El | le par | tage en | cor ma | flamme;
    El | le est en | cor fol | le de | moi.

» Peut-on imaginer rien de plus monstrueux que ces te, le, frappant à faux sur des temps forts ? mais un auditoire français est indulgent parce qu'il est insensible à toute musique. Les aveugles ont-ils jamais critiqué le dessin, le coloris d'un tableau ?»

Désespérés d'avoir sans cesse à manier un pareil galimatias,

Hérold, Auber, Meyerbeer, ont pris enfin le parti de composer leur mélodie, de la rhythmer à peu près, et de l'écrire sans songer aux paroles qui doivent l'accompagner. Le sens, le caractère, la pensée du morceau les guident seulement. Leur partition faite, leurs dessins arrêtés, ils les saupoudrent de paroles. — Va, disent-ils au vers tortu, boiteux, bancal ; trouve ta place bien ou mal ; frappe sur le tambour ou sur la caisse, peu nous importe : chantera qui pourra. »

Les acteurs acceptent le défi bravement. Aussi malins que les auteurs de la musique, ils éludent à leur tour la difficulté proposée. Ils chantent puisqu'ils sont assez honnêtement payés pour chanter ; mais ils tournent, ils évitent l'obstacle, au lieu de l'attaquer afin de le surmonter. D'ailleurs ils ont vergogne, *pudet, tædet, pœnitet* d'estropier leur langue publiquement, et pour ne pas disloquer à leur tour les paroles que le musicien s'est vu forcer de massacrer, ils chantent la musique en catimini, vocalisent du bout des doigts en touchant à ce fagot d'épines, de telle manière qu'on n'entende pas un seul mot. Les choristes même, les choristes dont la responsabilité ne présente aucune importance, montrent la même pudeur. Je défie l'oreille la plus subtile de saisir au passage les paroles dites par le chœur dans nos opéras les plus récents.

Ces jours derniers, 25 janvier 1856, une cause infiniment grasse était explorée aux assises de la Seine, bien que le huis-clos le plus sévère eût été prescrit, que l'on eût même éloigné les avocats non choisis pour la défense, les gendarmes, fors un pour siéger à coté de l'accusé, la cour ne pouvait obtenir des récits franchement exposés. Victime, accusé, témoins blancs ou noirs, nul ne se décidait à donner de la voix. Des mots coupés, brisés, qu'un sentiment de pudeur étouffait, rendait inintelligibles, arrivaient seuls à l'oreille des magistrats. Un juré facétieux de sa nature, mais prudent et réservé, ne put s'empêcher de s'écrier : — C'est comme à l'Opéra, nous ne comprenons point les paroles. » Ce mot est parfaitement juste ; une même cause produisait les mêmes effets au tribunal comme à l'Opéra, les protagonistes rougissant de ce qu'ils avaient à dire, employaient la sourdine pour voiler, dissimuler au moins l'obscénité de leurs propos.

Il faudrait être en chaire, au Collége de France, y prêcher un carême pour amener enfin au giron de la poésie un peuple intelligent, mais présomptueux, opiniâtre, et dès longtemps corrompu, dépravé par l'enseignement universitaire. Pour lui faire contempler dans toute sa laideur cette prose rimée, hideux monument de barbarie et de stupidité, qui le fait marcher en queue de toutes les nations civilisées. Comme Abélard, il faudrait être devant une infinité d'académies, de commissions, de juris, afin d'y prendre la défense de cette langue française qu'ils ont condamnée à ramper, qu'ils accusent d'impuissance par la seule raison qu'ils ne la connaissent pas. Ils lui refusent l'accent, ce qui veut dire aussi la quantité. Comment! les oiseaux, les quadrupèdes, les reptiles, les insectes possèdent l'accent; les pinsons, les coucous, les pintades, les coqs, les dindons, les cailles, les butors, les chevaux, les ânes, les crapauds, les grillons, forment des iambes, des spondées, des anapestes, des trokées, des dactyles, des tribraques, et nous serions privés de ces éléments du discours poétique! D'après les conclusions, l'arrêt, prononcés par nos juges académiciens nous serions plus bêtes que les ânes, les butors! halte-là! quoique Provençal, je veux bien me dire Français, et venir me camper sur la brèche quand il s'agit de combattre pour l'honneur de la nation.

Que de fois n'a-t-on pas nommé des commissions burlesques pour s'occuper de questions sans importance? Je suis le champion de la langue française et demande le champ-clos, ma devise est celle d'un chevalier chrétien : *Jerusalem, convertere ad Dominum Deum tuum.* Je veux détruire l'hérésie, et mes adversaires les plus opiniâtres sont des académiciens! mais, il est juste de le dire, des académiciens qui n'ont jamais su le français; des membres de l'Institut ayant étudié l'anatomie de cette langue, comme les faiseurs de poupards, de poupées ont étudié l'anatomie du corps humain; des académiciens qui révèrent et psalmodient encore le plain-chant de Boileau-Despréaux.

La situation est assez dramatique pour mériter l'attention de nos gouvernants. Livrez-moi, vous le devez, livrez-moi solennellement à dix, vingt, cent cinquante académiciens, qui m'accablent sous le poids de leurs arguments, en séance publique. Ils apporteront leurs codes et pandectes, je n'aurai pas le moindre almanach dans les mains, dans les poches; et si je suis battu, croyez que je payerai l'amende *temerè litigantium*. Ce défi ne sera point accepté; nos académiciens aiment à faire leur cuisine en famille, le huis-clos leur convient; et je n'aime point à plaider par écrit. Avocat-ténor récitant, mes volumineux factums seraient des encyclopédies. Il faut pourtant que je vous présente un échantillon, un épitome de mes observations critiques : vous pourrez en apprécier toute l'impertinence.

Il est de certaines denrées que l'on ne vend pas au mètre, au kilogramme, au litre, telles que les épinards, le cresson, le persil, la salade, les oignons, le cerfeuil, le laurier; tout cela se livre à la pincée, à la poignée, au tas, comme la prose rimée de nos paroliers. Dans ce tas de versicules, fagoté pour le moins aussi bien que les épluchures déposées chaque matin devant les portes cochères; dans ce tas exploré d'abord au crochet avant d'être lancé dans le tombereau, des touristes à cachemire d'osier découvriront des fragments à leur convenance. Tels nos infortunés musiciens fouillent dans la rimaille de leurs complices, et ne manquent presque jamais d'y trouver un vers excellent, ou du moins une ligne qu'il leur est facile de tortiller en mesure. Fier de sa conquête, le musicien s'empare du bijou précieux; il lui sert d'étalon, de chronomètre sur lequel il se hâte d'établir le rhythme, le dessin de son air, de son chœur. Le vers élégant et sonore, bien planté sur ses pieds, que vous préférez aux sept, onze ou quinze compagnons borgnes, sourds ou boiteux, grouillant à ses cotés; le vers modèle, prodige, se déploie merveilleusement sur une mélodie qu'il a dictée. La rimaille s'en accommodera comme elle pourra. Sans pitié lacérée, on verra ses lambeaux épars s'accrocher aux notes pour y former des sons vagues, inarticulés, dont il serait inutile de chercher le sens.

Montrez-moi, chantez-moi cinq cents airs ou duos français,

et je signalerai sur-le-champ le vers type, le vers pivot différent de ces diverses compositions.

Pourquoi le superbe et tragique finale de *la Vestale* a-t-il emprunté la mesure allègre et sautillante de la valse? Parce que Jouy s'était permis de faire les trois quarts d'un vers procédant par anapestes, rhythme de cette danse.

Déta | chons ces ban | deaux ces vol | les impos | teurs.

Spontini pourrait corriger l'énorme bévue, compléter ses anapestes niaisement éborgnés, brutalement fracassés par *voiles*, en disant :

Déta | chons, déta | chons ces ban | deaux impos | teurs.

S'il ne l'a point fait, c'est qu'il craignait peut-être d'effaroucher notre Académie française, toujours prête à défendre nos vieilles stupidités. Voyez *l'Académie impériale de Musique*, tome II, page 119; et surtout ! page 317.

Pourquoi l'ingénieux Auber a-t-il si bien saisi le rhythme ordinaire de la barcarole dans *la Muette de Portici?* C'est qu'un vers admirable y figurait au milieu de treize lignes empruntées à la boutique de Chapelain et ce vers diamant a fait briller, voguer un instant la nacelle avec une régularité gracieuse. Le vers type ! je vous l'ai dit. Il n'y en a qu'un, mais il vaut son pesant d'or. Si j'étais directeur d'opéra, croyez que la barcarole entière serait chantée sur ce vers, et le public, une fois en sa vie, jouirait d'un plaisir sans douleurs.

Coco Danières s'applaudissait d'avoir trouvé deux yeux ravissants; mais l'un était à Bordeaux, et l'autre à Pont-Sainte-Maxence.

Allons à la Comédie-Française, législatrice de notre mélodie parlée, et prions un de ses virtuoses de vouloir bien réciter les couplets suivants, en ayant soin de les accentuer d'une manière ferme et précise. Je ne crois pas me tromper en disant que les repos y seront placés aux lieux où je les indique.

A | mis, la mati | née est | belle, |
Sur le ri | vage | assemblez | vous; |

Mon | tez gaie | ment | votre na | celle, |
Et des | vents bra | vez le cour | roux.
Con | duis ta | barque a | vec pru | dence, |
Pê | cheur, parle | bas ; |
Jette tes fi | lets en si | lence. |
Pê | cheur, parle | bas; |
Le roi des | mers | ne t'échappera | pas. |

L'heure vien | dra sa | chons l'at | tendre, |
Plus | tard nous sau | rons la sai | sir; |
Le cou | rage | fait entre | prendre, |
Mais l'a | dresse | fait réus | sir. |
Conduis ta barque, etc.

Voici comment on chante ces couplets à l'Opéra :

A | mis, la | ma | tinée est | belle, |
Sur | le ri | vage as | semblez | vous; |
Mon | tez gaie | ment vo | tre na | celle, |
Et | des vents | bravez | le cour | roux.
Con | duis ta | barque a | vec pru | dence, |
Pê | cheur, parle | bas ; |
Jet | te tes | fi-lets | en si | lence, |
Pê | cheur, parle | bas; |
Le | roi des | mers ne | t'é-chap | pe-ra | pas. |

Trois des quatre derniers versicules ne sympathisent point avec ceux qui les précèdent, et forcent le musicien à rompre son allure. Ce défaut serait peu grave, si le dernier verset ne présentait pas deux syllabes frappant à faux brutalement, et deux fois, trois fois même à cause des répétitions aussi désespérantes que solennelles.

Lorsque le virtuose de la Comédie-Française a dit ce couplet, vous avez parfaitement compris ce que l'auteur offrait à votre intelligence. Sauf à demander ensuite le nom de ce roi des mers, thon, merlan, cachalot ou baleine. Si le roi des mers vous était servi tout entier, vous reconnaîtriez à l'instant ce magnifique relevé de potage. Mais l'Opéra nous le présente brisé, pilé, réduit en hachis, méconnaissable au point qu'il faudrait un commentaire sans fin pour vous expliquer ce que le Masaniello chantant veut nous dire. Il faut même recourir aux suppositions les plus extravagantes pour donner un sens quelconque à l'argot académique de l'Opéra.

Amis, la ma—tinée est belle.

Rien n'est plus clair : un Lama de l'Inde ou des Cordillères possède une maîtresse ayant nom *Tinée*, et ses affidés le complimentent, disant :

Ami Lama, Tinée est belle.

Sur le, ro-tro, bravez le, jet-te, échap-pe, tous ces *e* muets venant expirer sur des temps forts, sur des notes essentielles, frappent à faux, éborgnent les mots et déchirent l'oreille la plus dure. Je doute qu'un tel gâchis fût toléré dans le pays des Iroquois. *Et des*, que signifie cet *et des*? Cette particule *des* séparée du substantif *vents* qu'elle doit tenir, serrer de près, n'est-elle pas d'un effet bien gracieux? Sur quels tréteaux de vaudeville oserait-on s'arrêter sur *et des?* même en disant : — *Aidez-nous, aidez-moi*. Pour nous consoler, arrive *vents bra*. Faites-moi la grâce de me dire ce que c'est qu'un *ventbra?* Serait-ce une abréviation d'*avant-bras?*

Jet | te tes | a lets | en si | lence. |

Vers complet, lumineux, grâce aux trois cadences fausses dont ses trois pieds marchent ornés. Ici tout le monde voit à l'instant qu'un père marâtre, dénaturé, jette à la mer ses enfants mâles, parce qu'ils ne sont pas beaux quand ils se taisent. Plusieurs ont pensé qu'il les jetait sans faire de bruit. Nous aurions alors deux sens au lieu d'un; quelle richesse de style! magique effet d'une mélodie facétieuse en ses métamorphoses!

Jette tes | fils | laids en si | lence.

Je pourrais vous faire remarquer encore *lets en*, qui, par le déplacement de l'accent, donne à l'oreille *lésant*. Vous me diriez avec raison que le parolier vous a suffisamment *lésés;* que loin de le blâmer, nous devons entonner l'hymne de la reconnaissance, et signaler avec orgueil le miracle de poésie française qu'il vient d'estamper en ce couplet.

Con | duis ta | barque a | vec pru | dence, |

est le vers type de la barcarole, vers excellent que la Provence et l'Italie ne désavoueraient pas.

Le second couplet est chanté sur une autre musique, stigmate indélébile jusqu'à ce jour de la barbarie française. L'acteur, partant du pied droit, attaque cette fois sur les temps forts; il tricote, il a rompu le pas, le rhythme de la mélodie, pour essayer de nous faire comprendre les paroles qu'il doit livrer à notre sens auditif : L'organe vocal divague, mais l'orchestre, qui n'a point à trainer, remorquer des paroles fallacieuses et discordantes, suit sa marche noble, gracieuse et régulière. C'est le bataillon qui défile, garde le pas, tandis que son chef incommodé s'arrête au coin d'une borne. Effet peu satisfaisant pour les spectateurs.

Qu'arrive-t-il? quel obstacle insurmontable vient-il commander le repos à ce bataillon qui procédait avec une cadence admirée? Les cantonniers ont fermé les barrières du ferrin ; quel immense convoi, quelle chaîne de vagons, quel monstre, fumant, haletant, va-t-il rouler et mugir devant nous?

Bagatelles, *debolezze* que tout cela. Vraiment, il s'agit bien d'autre chose. Auber impose silence au chœur instrumental, et supprime une ritournelle connue, attendue parce qu'elle est promise. Point d'orgue général, dont le seul but est d'ouvrir une brèche, un trou suffisant pour ménager un passage à deux mots! deux mots! dont un monosyllabe, qui ne pouvaient s'adapter à la mélodie, et s'harmoniser avec sa ritournelle. Aux grands *mots*, les remèdes souverains.

Le Fontanarose qui pérore aux entours de la Madeleine fait exécuter le même *tacet* à son orchestre lorsqu'il a des paroles importantes à lancer à son auditoire. Ne crie-t-il pas aussi tandis que ses trombones, ses cornets, ses tambours frappent et soufflent? Ce chant instrumental bien suivi, rhythmé vigoureusement, ne marche-t-il pas avec les gestes expressifs, les clameurs intermittentes et capricieuses du charlatan? Ce gaillard ne dit-il pas ses cavatines comme on les dit à l'Opéra! Si le public les comprend beaucoup mieux, c'est que l'orateur espadonne sans cesse avec sa bouteille, sa drogue, son orviétan.

Quels sont les mots académiques, les mots solennels dont il a fallu préparer avec tant de soins la fougueuse éruption! Ces vocables n'ont rien que de très simple, de très ordinaire ; mais, comme ils ne pouvaient arriver sur la mélodie émise précédemment sans faire pouffer de rire l'auditoire le plus mélancolique, Masaniello, ne voulant pas dire :

Le cou.... (quel cou?).... rage fait entreprendre,

Masaniello a pris son épée à deux mains, s'appuyant sur le vide fait à l'orchestre, a lâché bravement et d'un seul jet ! *le coura............... ge*. Mais aussi quelle traînerie, quelle pause n'a-t-il pas faite après un tel effort ! Une mesure entière ! en fallait-il moins pour se reposer de ses fatigues !

Que devient la cantilène, la mélodie vocale, ainsi massacrée et vilipendée? A quoi vont aboutir ces escobarderies, si non à reproduire dans une académie ! les cris inarticulés du Fontanarose, rhythmés *par son orchestre*. Belle mission pour un Rubini, pour une Fodor! C'est bien chié chanté, nous dirait Rabelais.

Il est des mots en provençal comme en italien que l'on exclut de la poésie lyrique. Ne soyez pas étonné si je prescris la même règle pour le français. *Entreprendre* ne peut être chanté, quel que soit le caractère et le mouvement de la mélodie.

Le courage fait tant qu'on ne saurait lui demander encore autre chose. Le courage étant la beauté, mérite l'applaudissement d'une société galante et chevaleresque.

Mais l'a | dresse fait | ré-us- | sir. |

Voilà, certes, une adresse qui doit marcher d'un pied ferme : elle est ferrée, à glace peut-être. Mais non, cette adresse va de travers; chanteuse distraite, elle fait ré quand elle doit frapper *mi*. Déplacez l'accent, vous parlerez comme chante notre Académie de Musique, et nul au monde ne saura ce que vous aurez dit. Avis précieux pour les amants discrets, timides.

Je ne parlerai point des notes prolongées du second couplet, notes alanguies afin de dépayser l'oreille ; de lui faire oublier les accents faux que le musicien cherche à déguiser. Ces traîneries dégradent un peu plus la cantilène, et c'est leur unique résultat. Trois longs et larges temps à vide ne feront pas perdre de vue, oublier une note qui vient de frapper, à la basse, l'octave future de celle des violons. J'ai dit *future*, entendez-vous ?

Non, rien ne peut tromper l'œil vigilant des dieux

et de l'oreille. Tout l'opéra de *la Muette*, que dis-je ? tous nos opéras sérieux ou comiques pourraient être annotés de cette manière. Il m'eût été facile de vous montrer des versets plus ridicules sans doute, mais beaucoup moins connus, et dont mes lecteurs n'auraient pas aussi bien suivi l'analyse.

Vous le voyez, tel est le baragouin de notre Académie chantante. C'est une fatigante et burlesque série de coq-à-l'âne, devinottes, calembours, attrape-nigauds, contrepetteries, équivoques promptes à faire rougir plus d'une Philaminte, une kyrielle de réclames, de logogryphes dont on ne cherche plus à trouver les mots ; c'est une avalanche de *cuirs* et de *pataquès*. Ai-je tort d'inviter cette Académie à publier son dictionnaire ? Quel débit n'en aurait-on pas fait aux jours de l'exposition universelle ? Jours où les étrangers se montraient doublement ébahis de la magnificence du spectacle, des charmes du ballet et du charabia des acteurs. Et voilà ce qu'on voudrait faire scander à des virtuoses accoutumés aux vers énergiques et suaves, harmonieusement rhythmés de Metastasio, de Romani !

Je vous ai montré ce patois bredouillé par un seul acteur ; multiplions l'unité par 95, et nous aurons un croassement grandiose, monstrueux, une mêlée épouvantable, dont le superbe finale de *la Vestale*, et cent autres chœurs d'un grand mérite nous offrent des exemples.

Voulez-vous savoir combien la prose rimée peut ridiculiser l'œuvre la plus éminente et la plus sérieuse du musicien ? écoutez ce chœur bien connu :

Saint bienheureux *eux, eux*, dont la divine image,
De nos enfants *ants, ants* protège les berceaux (1);
Toi, qui nous rends *ends, ends* la force et le courage,
Toi, qui soutiens *iens, iens* le pauvre en ses travaux.

Ces *eux eux, ants ants, ends ends, iens iens*, seraient fort gais dans une parodie; ils sont introduits ici dans une prière affectueuse, pour y boucher les trous que l'absence des chutes douces, féminines, laisse ouverts. Après avoir signalé ce défaut immense, capital, je ne m'arrêterai point aux accents faux qui dégradent ce chœur. Je ferai seulement remarquer les *mi* demandés à saint Janvier, et que nos basses profondes exécutent à ravir, *mi bémol*, s'il vous plaît, ronds et bien sonnants au grave !

Fais aujourd'hui pour nous des mi......racles nouveaux.

L'accent de *miracles* devant être frappé sur *ra*, l'oreille veut, exige que cette syllabe essentielle, qui seule annonce la présence du mot, en fait connaître la physionomie, la signification, que cette syllabe décisive montre le bout de son nez. Tous les chanteurs pourront ensuite s'arrêter sur cet accent, dire *mira....cles*. Le vocable est connu, permis à vous de l'estamper longuement, largement; l'auditoire prendra patience, et cessera de chercher le mot de l'énigme. Tandis que, si vous faites un repos solennel de temps fort sur *mi*, chacun achèvera le mot à sa fantaisie. Vingt curieux diront à la fois : — Le saint fait des *missels*, des *mines*, des *miroirs*, des *minets*, des *millions*, des *mitaines*, que sais-je? Vous forcez vos auditeurs à filer un brelan de fort mauvais goût.

Comme le Vadius de Molière, je vous dirai : — Voici de petits vers, » que j'improvise pour figurer à vos yeux les accents, les contours de l'excellente musique d'Auber, en lui donnant les féminines qu'elle réclame.

    Saint tutélaire,
  Janvier, ô tendre père!

---

(1) Le public, ami de la symétrie, ne devrait-il pas ajouter *ho! ho!* terminer la période par *oh! oh!* Cet écho n'est-il pas suffisamment indiqué, réclamé?

> Vois la misère
> D'un peuple généreux.
> Naples t'honore,
> Sa triste voix t'implore,
> Accueille encore
> Ses plaintes et ses vœux.

Le reste du chœur peut marcher avec les paroles du livret, mieux distribuées sous les notes. Tous les *gnan gnan* auront disparu, vous chanterez comme de francs Provençaux, de vrais Italiens, les voix sonneront gracieusement, et tout le monde saura ce que vous aurez dit.

Vous ne regretterez pas, du moins je l'espère, *saint bienheureux*. Nous pouvons tous être bienheureux; un saint ne peut plus l'être, dès qu'il est canonisé. Diriez-vous *lion lionceau, mère nubile?*

> Du pauvre, seul ami fidèle!

Quel est cet ami? Vous croyez que c'est un chien; point du tout, c'est le sommeil. Cet ami fidèle n'est donc pas seul.

Si nos paroliers prodiguaient l'esprit, les pensées nobles, sublimes, incisives dans leurs canevas dramatiques destinés aux musiciens, on leur pardonnerait quelques fautes de prosodie en faveur de leur génie poétique; mais ils sont plats, vulgaires, et ne cessent pas d'être rocailleux et durs à l'excès, inchantables. Sans viser à l'effet, le poète lyrique doit se borner à faire des vers mesurés, sonores et bien cadencés, le musicien leur donnera de l'esprit, de l'éclat. Soyez persuadé que le plus infime versificateur italien, Tottola Iᵉʳ ou Second, car il sont deux, plane à six cents mille piques au-dessus de Racine, de Quinault, de Voltaire, etc., etc., dans le royaume lyrique. *Ars metrica*, l'Art de mesurer; *la Métromanie*, la Manie de mesurer, c'est ainsi que les anciens et les modernes ont nommé l'art et la manie de faire des vers. Ces expressions devraient-elles figurer dans nos dictionnaires? En France on ne mesure rien du tout; nos littérateurs se contentent de rimer leur prose, et croient avoir fait des vers. Heureuse ingénuité! pour eux; calamité déplorable! pour les musiciens et pour nos oreilles.

Lorsque des vers que le poëte a mesurés, ou que le musicien s'est fabriqués au moyen des répétitions de mots, arrivent par hasard dans un opéra français, voyez quelle explosion subite et victorieuse cette rencontre produit! Comme la phrase se dessine, marche vivement, librement! comme elle sonne et bat la charge! les mots, les notes qu'un même instrument pousse, lance, dirige sur l'oreille et le cœur, triomphent de l'un et de l'autre. Mélodie, harmonie, rhythme, tonnent, séduisent, fascinent à la fois. Punch complet, que vous ne pouvez déguster, savourer à votre aise, tant le plaisir dont il vous enivre, dont il vous écrase, est prompt comme l'éclair, brulant comme le feu du ciel. Quelle o rtune pour le musicien qui se trouve enfin tête à tête avec des rhythmes à colorer, des mots à présenter *en entier*, d'aplomb, en ordre logique, à les montrer avec orgueil au grand jour de la rampe! Fier et joyeux d'une telle conquête; inspiré, ravi jusqu'au troisième ciel, il trouve à l'instant une mélodie parfaitement digne de chanter ces paroles, que leur rareté doit rendre précieuses au dernier point. Tout en écrivant sa cantilène fulgurante, il murmure :

> *E di me stesso*
> *Maggior mi fà.*

Comme le *Barbiere del diavolo*, ne fait-il pas d'avance l'inventaire de son trésor?

Cette Californie, la voici :

> Plus d'a | mour, plus d'i | vresse,
> Ô re | mords qui m'op | presse!
> Je les | vois, et sans | cesse,
> Égor | ger à mes | yeux.
> Mes a | mis, mes a | mis vont m'at | tendre;
> Je ne | dois, je ne | dois plus t'en | tendre,
> Et je | cours les dé | fendre
> Ou mou | rir avec | eux.

C'est admirable de vers, de musique, et pourtant je signale un hémistiche affreux où l'accent faux *dois... plus*, s'unit à la cacophonie *tantan*. Si notre ami Raoul n'était pas si familier avec sa Valentine, s'il desirait de plaire à son oreille, je ferais chanter au ténor ce vers excellent :

Je ne | dois, ne dois | plus vous en | tendre.

Lorsque le verbe est suivi d'un adverbe, qui modifie et complète la signification de ce même verbe, c'est sur l'adverbe que doit tomber l'accent. Séparer les deux mots, c'est s'exposer à n'être pas compris, à dire même le contraire de ce que l'on veut exprimer.

Ne te repens | point, | noble fille.

Lisez cette phrase sur le livret, le sens en est d'une clarté parfaite; mais lorsque Marcel chante avec Meyerbeer :

Ne te re | pens, | point noble | fille.

Nous voyons une *fille point noble*, que l'on engage à *ne pas se repentir*. L'accent, le repos, la virgule, ont changé de place, et le sens a passé du blanc au noir.

Cet abominable verset :

Je ne | dois, je ne | **dois plus** *t'en* | *tendre*,

vient fracasser l'oreille avec d'autant plus de brutalité qu'il est précédé, suivi par des vers excellents. Meyerbeer a continué sa marche en véritable Allemand, l'accroc immense ne l'a point arrêté; peut-être même ne l'a-t-il point aperçu. — Quel heureux naturel ! » diront nos paroliers.

Méhul était Français, littérateur, il observait la prosodie autant qu'il le pouvait. Dans une position tout à fait semblable, rencontrant une ligne de prose mêlée à trois vers mesurés, l'auteur d'*Euphrosine*, refuse de chanter *Ingrat, j'ai por*, abandonne son rhythme énergique, véhément, pour se plonger dans une psalmodie inerte, insignifiante, qui lui permet de réciter en grosses notes le verset discordant et boiteux. Méhul a respecté la prosodie, il est vrai ; mais quel désordre affreux cette déférence n'a-t-elle pas jeté dans son admirable duo ? Planches. n° 103.

CORADIN.

Faible ri | val, | perfide | femme!
Je saurai | bien | vous sépa | rer.

LA COMTESSE D'ARLES.

In | grat, j'ai por | té dans ton | ame
Un feu qui | va | te dévo | rer.

Ce dernier vers est parfait, mais il devient forcément de la prose ; le rhythme, une seule petite fois rompu, ne saurait être rajusté. C'est le coup de sifflet du chasseur frappant à faux ; la caille est partie, elle ne reviendra plus. Le vagon a déraillé.

Le rhythme est comme un île escarpée et sans bords,
On n'y peut plus rentrer dès qu'on en est dehors.

Je suis étonné que Hoffman, poëte souvent régulier, n'ait pas corrigé cette faute immense, grossière, *Ingrat, j'ai por!* qu'il pouvait faire disparaître en disant :

Oui, ma fu | reur | livre ton | ame
Au feu qui | va | te dévo | rer.

Ah! que je voudrais vous présenter le quatrième acte des *Huguenots*, muni de paroles chantables, de paroles aussi coulantes, sonnantes et vibrantes que les notes de la mélodie ! Tout s'y rencontrerait à l'unisson, et vous croiriez entendre une œuvre nouvelle.

Dès la première audition, l'atrocité du hautbois, qui vient dégrader sans raison, excuse ni prétexte la délicieuse romance d'Alice. (Planches, page 220.) Cette infamie gratuite me fit dresser les cheveux à la tête. J'en portai plainte à Meyerbeer. — Cela ne s'entend pas, me dit-il. — Vous en voyez la preuve. — D'autres n'ont pas l'oreille si fine, cela ne s'entend pas. — Pourquoi donc l'avez-vous écrit ? — Cela ne s'entend pas. — Cela se voit du moins, et l'œil du musicien est bien plus subtil que son oreille (1). »

Pour me dédommager de la blessure que ce hautbois m'avait

---

(1) Rossini présidait à la répétition de je ne sais quel opéra, dans une petite ville d'Italie. Un corniste frappa à côté du ton ; sa note probablement était moins fausse que celle du hautbois de Meyerbeer. Le jeune Rossini s'écrie à l'instant : — Qui va là ? — C'est moi. — C'est toi ? mets ton cor dans l'étui, et rentre à la maison. » Le faiseur de brioche, le coupable, hélas ! c'était son père. Polynice exilait Œdipe de l'orchestre et sans remords encore !

faite, je priai Meyerbeer de marquer un bis nécessaire, indispensable sur la phrase éclatante, victorieuse qui plane sur l'ensemble choral du quatrième acte :

> Et la palme immortelle
> Nous attend dans les cieux.

huit mesures en *la bémol*, dont je réclamais avec instance la répétition, bis infiniment précieux que tout l'auditoire accepterait de grand cœur. Meyerbeer me refusa l'un et l'autre. Notez qu'il m'avait prié de lui dire franchement ce que je pensais de son œuvre. Condamné par ce musicien, je fais un appel au peuple des amateurs ; il a sous les yeux les pièces du procès, qu'il juge et prononce un arrêt définitif.

Lorsque je vois d'aussi beaux fragments dramatiques s'échapper du cerveau de Meyerbeer, je suis tenté de le supplier humblement de nous donner enfin un opéra complet, un opéra qui ne soit pas bourré de foin et de paille ; une série de vases d'or ou de cristal dépouillés de l'emballage du layetier.

Vous ne connaissez pas encore la dispute (*fugato*) du troisième acte des *Huguenots*, et vous ne la connaîtrez jamais : l'exécution avec les paroles en est impossible. Demandez aux choristes, à qui je n'ai pas besoin de faire cette question. *Nos têtes sont montées*, disent les femmes, croyez qu'elles pensent : *Nos têtes sont noyées*. Capietur et strangutetur.

Le premier musicien de la terre parmi les comédiens, le chanteur le plus ferme à son poste, l'acteur dont la voix est le métronome qui règle et dirige un opéra, le chef d'attaque le plus sûr que j'aie connu, le plus hardi jouteur, l'homme dont la mémoire et l'articulation tiennent du prodige, Lablache ne pourrait pas chanter deux phrases de notre musique de théâtre. Lablache est poète et musicien, Lablache est l'incarnation du rhythme, de la cadence, de la mesure. Lablache ne peut assister à la représentation d'un opéra français, pur sang ou non, sans que les cheveux lui dressent à la tête ; ses nerfs se crispent ; sa digestion, chose essentielle, sa digestion en serait troublée, s'il n'avait la précaution de dîner plus tôt ces jours-là. De tels accidents sont peu souvent redoutables, il est vrai, car il aime à se priver de notre musique, bonne en soi, mais grotesquement *parolée*. Digne succédant pour le gout et l'esprit de la célèbre Grassini, si vous lui donnez la réplique au sujet de notre Académie bredouillante,

> Il ne saura trouver de couleur assez noire
> Pour vous en crayonner la ridicule histoire (1).

Lancé dans un déluge, une avalanche de notes, de paroles qui s'envolent claires et limpides, brillantes et perlées, de sa bouche tonnante, Lablache va s'arrêter soudain, si le rhythme du vers est faux, bien que la mélodie s'efforce de le redresser. Une syllabe malencontreuse lui coupe la parole; ce chanteur babillard, dont la faconde musicale vous entrainait, ce coursier qui dévorait l'espace au triple galop, ce vagon qui roulait avec la vitesse de l'éclair et l'éclat du tonnerre, tombe tout à plat, reste muet, immobile, *sembra una statua* comme Bartolo : une faute d'accent vient de lui scier le jarret, de vider sa locomotive; *procumbit humi bos*. Un ordre de l'empereur, que dis-je? toutes les puissances de la terre s'uniraient pour lui dire : — En avant! » que Lablache ne bougerait pas. Otez l'obstacle, l'accroc, le fétu, la montagne qui vient de lui barrer le chemin, sur-le-champ il va se remettre au galop. Ce que je vous dis je l'ai vu, de mes propres oreilles vu. Personne au monde n'osera me contester que Lablache ne soit un homme complet en musique; plusieurs vous diront, en rappelant un vieux mot, que Lablache est la musique même. Si cet acteur vous donne de si parfaites jouissances, si l'accent de ce virtuose est si profondément incisif, si tous ses coups portent, s'ils frappent avec tant de facilité, c'est que Lablache est l'homme par excellence pour les effets de rhythme.

---

(1) Sa Majesté Napoléon Ier dit un jour à l'admirable cantatrice : — Grassini, pourquoi n'allez-vous jamais à mon Académie Impériale de Musique? décidez-vous, faites un effort, ne fût-ce que par curiosité. — Sire, je crains qu'il ne m'en reste quelque chose. » Un gracieux sourire accueillit ce mot légèrement sardonique.

Vous affectionnez l'exécution vocale de Lablache, c'est le chanteur qui fait l'impression la plus soudaine, la plus vive sur le public français. Lablache ne peut endurer le tourment que lui cause notre musique vocale, et certes je me dis, à cet égard, son compagnon d'infortunes. Vous êtes parfaitement d'accord avec lui, vous professez la même doctrine, vous éprouvez les mêmes sensations, et sans vous en douter. Les extrêmes se touchent ; c'est le rhythme qui vous range sous la même bannière, la présence et l'absence de ce moyen, tout-puissant en musique ! doivent causer votre affection et provoquer ses dédains.

— Quelle fortune pour notre Académie impériale si Lablache y tenait l'emploi de première basse ! » Voilà ce que j'entends dire, ce que l'on pense depuis un quart de siècle. Mais Lablache ne signerait cet engagement qu'à la condition expresse qu'on lui donnerait des paroles chantables. Nos faiseurs de livrets seraient prompts à se récrier sur l'insolence d'une telle prétention. Nous barbotons dans la mare creusée par Quinault et consorts, diraient-ils, continuons de barboter, le public est si bon ! Je souligne ce mot, on saura mieux ce que je veux dire. Lablache ne consentirait pas à se montrer désarmé. Lablache récitant notre musique, telle que les paroliers nous l'ont faite, deviendrait un homme à peu près ordinaire. On admirerait sa voix forte, vibrante, ronde et sonore ; sa belle représentation sous une robe de velours, de satin, la vérité de son jeu scénique, voilà tout. Sa puissance musicale s'évanouirait. Autant vaudrait engager M*** Rosati, l'aimable et dramatique ballérine, pour la montrer dans une gaîne, comme la statue de Diane d'Éphèse, ou garrottée, ficelée comme une momie de Tentyris que les Turcs nomment *Denderah ;* pays renommé pour la fabrication des zodiaques.

En 1840, Rubini, Tamburini, Lablache, ont chanté l'*adagio*, c'est-à-dire, un cinquième du trio de *Guillaume Tell*, en italien, dans plusieurs concerts. Ce précieux fragment, exécuté d'une manière admirable, avec une perfection impossible aujourd'hui, ravit l'assemblée de Ventadour au point que, d'une voix unanime, elle réclama le commencement et la fin du magnifique et sublime trio. Lablache alors prit la parole, et, sans musique, sans accompagnement, nous dit ! — Messieurs, ce trio *n'a point été traduit en italien;* si nous le chantons, c'est que nous l'avons arrangé nous-même pour vous l'offrir. »

Or, on a fait trois versions italiennes de la partition entière de *Guillaume Tell :* si je le sais, c'est lui qui me l'a dit. Mais Lablache regarde avec raison comme nulles et non avenues des traductions en prose, que toute une basoche avait été forcée de modeler sur la rimaille française. S'il vous a chanté l'*adagio* de ce trio, c'est qu'il a pu lui-même en ajuster les paroles de manière à les rendre chantables. Le travail était probablement trop difficile, et la réussite impossible, puisqu'il n'a pas eu le courage d'aller plus avant, et qu'il avait renoncé d'abord à traduire en vers le superbe prélude.

Vous pouvez maintenant apprécier toute la barbarie de la prétendue poésie lyrique de nos paroliers. Lablache, Italien, Français d'origine, par adoption, poëte, musicien, chanteur, digne de figurer dans toutes les académies de l'univers, n'a pu traduire qu'un petit couplet de leur prose rimée, tant elle est raboteuse et rétive! Il est juste de dire que dans ce quatrain ou sixain se trouvait encadré le fameux versicule

Mon père tu m'as dû maudire!

Autre *Qu'il mourût!* aussi monumental dans le style des Carabies que celui du vieil Horace l'est dans le style sublime, *Tu m'as dû maudi,* assemblage précieux, burlesque, phénoménal de grotesques syllabes! Cliquetis merveilleusement bouffon que le *poëte* a placé dans la situation la plus touchante du drame, et qui devait glisser sur la mélodie la plus suave, la plus incisive du trio : Et deux mille coups de sifflet ne sont point partis à l'instant où ce brave Arnold a, pour la première fois, tenté cette exhibition drôlatique! Et la salle ne s'est point révoltée, les musiciens, les chanteurs, les danseurs, les comparses n'ont pas quitté leur office pour se joindre à la troupe sifflante! Et la foudre n'est pas tombée sur le théâtre où l'on prenait au collet Rossini pour lui faire chanter avec accompagnement *sotto voce, pianissimo,* ce miraculeux versicule, ce gachis grammatical ! En vérité, quand on voit de pareils forfaits rester impunis, on doit désespérer de toute justice.

Guillaume Tell, ce chef-d'œuvre unique de notre répertoire actuel, n'est-il pas une fidèle image de la nuée miraculeuse qui précédait les Hébreux traversant le désert? Étincelante de rayons lumineux du coté de ces fugitifs, elle était sombre, opaque, noire comme l'enfer au revers de la médaille. De même le génie flambant, scintillant, fulgurant de l'Italie, traversant le monde, les siècles, est accompagné des noires vapeurs, tourbillon naturel d'un prodige de l'imbécillité française. Et ce livret, mince de corps, mais gros de sottises; ce livret de Jouy, l'académicien, de Bis, très digne de l'être, miracle de lyrique stupidité, posé dans la balance financière, la tient en équilibre. L'ordure, en France, obtient le même prix que l'or!

Nos dilettantes ont en horreur les airs de chant français. Ils estropient parfois l'italien, qu'importe, leur auditoire est très indulgent à cet égard; il pardonne pourvu qu'on lui fasse entendre une mélodie qui le satisfasse pleinement. Vous pensez bien qu'une proscription si générale en France, et puis si longtemps observée, n'est pas une fantaisie de la mode; le peuple musicien et chanteur n'agit point sans raisons, et ces raisons, je vous les ai fait connaître.

Vous savez l'histoire plaisante de cet oculiste aimé par une femme charmante, mais aveugle. Il fut assez imprudent pour rendre la vue à sa maîtresse qui, dès ce moment, le trouva laid, mal bati, disgracieux, et se prit d'amour pour un autre. Les Français montrent, pour leur musique vocale, une aversion qui s'accroît à mesure que leur oreille acquiert plus de sensibilité. Ce progrès louable leur fait mépriser la prose rimée de nos *poètes*, même quand nos poètes ont soin de la présenter sans musique. Un volume de versets, de *poésies*, est maintenant une œuvre mort-née, si le nom d'Alfred de Musset, de Victor Hugo, de Lamartine, de ces illustres (par leurs idées), ne la recommande pas. C'est encore un bienfait de la musique, de la civilisation de nos sens amis de la mesure et du rhythme. On réussit parfois à soutenir au théâtre, cette musique boiteuse, incomplète et trop souvent déplaisante, barbare; on la protège au moyen des prestiges de la décoration, de la mise en scène. Des robes de satin et de velours sur de blanches épaules, des cuirasses d'or éclatantes et curieusement damasquinées, des surcots blasonnés, des jaquettes brodées, se promènent à pied, à cheval, en carrosse, en litière, en gondole, en bucentaure, en vaisseau de ligne, sur le théâtre avec accompagnement de saxophones et de flageolets; et lorsque ce brillant cortège a défilé, quand on a passé la revue des jolis yeux, des jolis pieds des ballérines, on applaudit avec fureur, on crie bravo! et le compositeur, qui prend pour lui ces compliments, s'énorgueillit de sa fortune. Mais le succès de cette musique s'éteint lorsqu'elle est forcée de quitter ces talismans précieux, que Meyerbeer croit indispensables; elle aborde les salons dans un négligé qui n'est favorable qu'aux belles femmes, elle y vient à pied, en soques, sans robes de velours, sans cuirasses d'or, et se fait éconduire.

Soyons justes pourtant, et disons que cette musique n'est pas sans utilité pour les jeunes virtuoses. — A quoi vous sert l'indigeste et grosse partition du *Prophète?* — A m'asseoir dessus quand je veux jouer du piano. Deux pouces de Meyerbeer suffisent pour ajuster une chaise à ma taille. » Historique.

En écrivant la partition du *Prophète*, un habile harmoniste s'est proposé d'élever le laid jusqu'à sa quatrième puissance. Il a réussi, j'en conviens; le succès est fort original, mais il n'est pas complet. On voit ce musicien changer de système, s'éloigner du chemin qu'il s'était marqué, toutes les fois que les versicules du parolier ne viennent pas l'aider à maintenir son laid à la hauteur desirée. Dans les airs de ballet, M. Meyerbeer s'émancipe, il se permet une pointe de folâtre gaieté, dont ses victimes le remercient en l'applaudissant. Vous avez remarqué sans doute que les airs de danse de nos opéras ont une supériorité notable sur le chant vocal de ces mêmes œuvres. Le musicien s'est affranchi du joug atroce de son parolier, il cabriole dans sa force et dans sa liberté. La même raison fait que les partitions réduites pour piano seul sont préférées à celles où des mots discordants s'accrochent à la mélodie.

Ce qui n'empêche nullement que *le Prophète* ne soit honteux pour l'Allemagne qui l'apporte, ignominieux pour la France moutonne qui l'applaudit, en suivant l'exemple que lui donnent un millier de pattes graissées avec une prodigalité fabuleuse.

Les Turinois ont été plus fins, reconnaissant le piège, ils ont pris *le Prophète* en plaisanterie, et l'ont reçu, traité comme une œuvre burlesque. Succès immense de fou rire. Un acteur fantasque, spirituel et malin, ne fit-il pas monter jusqu'aux étoiles un drame déjà tombé? Joyeux émules de Frédéric Lemaître, les Turinois ont logé leur *Prophète* dans l'horrible et facétieuse *Auberge des Adrets*. Vrais dilettantes, ceux de Turin méritent la médaille d'honneur. Voyez page 424.

Si la tour de Saint-Jacques est, après quatre siècles, droite, élégante, ferme sur ses jarrets, comme aux jours de sa jeunesse première, c'est parce que son architecte s'est, fort heureusement! avisé de l'établir sur de larges et solides fondations. Au lieu des rochers qui la soutiennent, si l'on avait assemblé des bottes de foin, des livres en paquets, des fromages parmésans, on aurait bientôt vu cette orgueilleuse tour fléchir les genoux, se lézarder, faire la révérence, non pas comme sa cousine de Pise, mais s'écrouler avec un fracas épouvantable comme le beffroi de Valenciennes.

Tout édifice qui ne repose point sur une base solide, ferme, doit fléchir et tomber. Il sera même parfois impossible d'en achever la construction. Telle est, je me vois forcé de vous le dire, telle est, n'en doutez pas, la condition fâcheuse de l'opéra français.

Privé du poème lyrique, pierre angulaire, base indispensable de tout drame chanté, notre opéra n'a jamais pu marcher, donner signe de vie, prendre son rang à côté des spectacles italiens, allemands, du même genre. Opulent, fastueux rival de l'Hippodrome, du Cirque,

Il leur dispute un prix indigne de ses mains.

et ne peut l'obtenir. Témoin le vaisseau du *Corsaire*, timide copie, reléguée au fond du théâtre, copie mesquine du vaisseau *le Vengeur* que le Cirque faisait sombrer audacieusement sur l'avant-scène.

Sacré, l'ingénieux machiniste de l'Académie, est donc forcé de baisser pavillon devant son maître, devant l'amiral qui remportait de si belles victoires au Cirque ! L'auteur Sacré des vaisseaux académiciens, auteur immensément précieux, et qui doit marcher en tête du régiment de ces mêmes auteurs, ne serait qu'un misérable plagiaire ! » Voilà ce que plusieurs disaient au foyer le jour où *le Corsaire*, ballet, fut produit à la lumière du gaz, janvier 1856. Imprudents ! vos critiques portent à faux au point qu'elles deviennent des éloges. Si la marine académique est inférieure à celle du Boulevard, c'est la faute du théâtre, large comme une serviette, si nous le comparons aux scènes où les Italiens, les Allemands faisaient manœuvrer des armées et des flottes entières. Rétablissez la salle des Tuileries, ce *Théâtre des Machines*, si bien nommé par nos anciens, puisqu'il vous plaît de nous ramener en tout à l'enfance de l'art; nos paroliers n'ayant pas encore troqué le bourrelet de Quinault, de Bernard, de Jouy, contre le diadème des poètes. C'est la faute du théâtre, vous dis-je. Apprenez que *le Vengeur* du Cirque, et *le Corsaire* de l'Opéra nous sont venus du même chantier, et que leur déroute s'est exécutée au signal du même officier-général. Ustensiles, navires, capitaine, matelots et mousses, tout a viré de bord, l'équipage du Cirque fonctionne à l'Académie. Nous sommes en force, et nous pouvons engager bravement des virtuoses italiens. Si nos paroliers les étranglent, si la prose rimée les garrotte, les enfonce, les plonge dans le gouffre du troisième dessous, l'habile et prévoyant Sacré fera sombrer quelques navires, et l'armée de Pharaon, pêchée à l'instant, sera remise à flot.

— Mais avec le vaisseau du *Corsaire* on fait de superbes recettes ! » Plaisante excuse, digne de Turcaret ! Vous en feriez de bien plus riches avec la loterie et la ferme des jeux, autres moyens de corruption nationale que l'on a sagement détruits. Quelles recettes ne ferait-on pas à la Chine avec l'opium ? Le commerce de cette drogue est cependant prohibé dans le céleste empire.

Le chant et les machines sont deux puissances incompatibles et qu'on ne saurait loger dans la même enceinte. Deux siècles d'expérience l'ont prouvé. L'un s'accommode parfaitement de votre salle, petite, mais excellente. L'autre desire manœuvrer dans une plaine sans bornes. Les Français veulent des machines, c'est ce qu'ils ont toujours le mieux compris en musique, donnez-leur des machines. Mais alors, à quoi bon des chanteurs? Pourquoi feriez-vous exécuter les opéras de grande braillerie par des rossignols? Les corbeaux ne valent-ils pas mieux pour les disputes, les combats de ce genre, où la force brutale doit triompher? Les virtuoses veulent intéresser par eux-mêmes, ils détestent les artifices du décorateur et du machiniste. Si quelque Gabrielli venait chanter dans un de vos palais de fées, croyez-vous que le public n'abandonnerait pas duos et cavatines, pour compter les ronds et les ovales d'une frise, pour chercher des nids d'hirondelles sur la flèche d'un clocheton? Aucune de ces distractions n'échappe au virtuose si bien placé pour les remarquer. Une seule suffit pour exciter son dépit, sa colère, et l'engager à traiter sans gêne, sans façon l'auditoire qui se montre incapable de l'apprécier.

Dans le bon temps de notre Opéra-Italien, n'avait-on pas supprimé tous ces détails de mise en scène si chers aux épiciers? Rubini-Osiride tombait mort sous la baguette de Mosé, la foudre, le pétard, la fusée, ayant des résultats désagréables pour l'oreille et l'odorat. Voilà comme il faut agir dans un théâtre où l'on chante réellement.

Notre opéra doit exister un jour; mais ce jour est loin de nous encore. Ce n'est pas moi qui parle, je n'aurais pu me décider à faire un semblable aveu, s'il n'était l'écho des conclusions prises par un million d'étrangers à qui vous l'avez montré naguère, sans malice, il est vrai, mais non sans imprudence. Le chien qui porte au cou le diné de son maître, en saisit sa part lorsque d'autres chiens dévorent ce même diné.

Les vérités les plus désagréables, sont parfois celles que l'on est obligé de proclamer hautement. Au lieu de se maintenir dans un doute officieux et rassurant, si les médecins avaient dit aux

Marseillais : — C'est la peste! » d'utiles précautions auraient sauvé la moitié des cent mille victimes que le fléau frappa de mort en 1720.

Lorsqu'une vedette a signalé de nombreux bataillons, arrivant protégés par la nuit ou la brume, et que de bouche en bouche, on se dit : — Les voici! » croyez-vous que ce soit bien régalant pour l'auditoire? Non, sans doute; mais on est averti. L'ennemi croyait vous surprendre, il est surpris à son tour, et vous échangez une victoire contre les chances d'une défaite.

Passons à des vérités qu'il vous plaira d'entendre.

> Du sentiment la véritable image,
> C'est de beaux vers par le chant exprimés.

Ces deux moyens de plaire, de séduire, ingénieusement réunis, forment le langage le plus agréable que l'homme se soit fait. Mais avant que ces vers puissent être *beaux*, il faut d'abord que ces vers soient des *vers*. Depuis deux cents ans votre rimaille est en divorce avec la mélodie qui devrait s'unir, se marier avec elle.

> Les vers sont enfants de la lyre,
> Il faut les chanter non les lire.

Nos académiciens savent donner d'excellents mais burlesques avis. Les voilà discourant sur les vers, réglant l'usage que nous devons en faire, comme si les vers français existaient, comme si nos illustres en avaient fabriqué deux ou trois paires en quatre siècles. Ces mêmes académiciens, parlant à leur cordonnier, frotteur, portier, laquais ou cuisinière, seront compris à merveille; ils s'expriment en mots français dont l'accent bien placé marque la signification précise. S'agit-il d'unir leur discours à la musique, et de former ainsi la combinaison la plus séduisante que l'organe vocal puisse offrir à l'oreille? Ces beaux diseurs deviennent à l'instant des buses, des crapauds, des marcassins domestiques grognant le charabia que vous entendez à l'Opéra, sans le comprendre. Agrément dont je vous félicite, congratule; si vous le compreniez, peut-être un jour seriez-vous dignes des honneurs académiques.

Lord Truro, chancelier et pair d'Angleterre, mort en 1855,

était fils d'un simple avoué, dont il devait être le successeur. Poussé par une ambition légitime, il voulut essayer de la carrière du barreau, dont une difficulté physique paraissait l'éloigner. Sa langue, ses lèvres se refusaient à prononcer de certains mots. Truro en fait une liste complète, et s'applique à leur trouver des synonymes, qu'il classe dans sa mémoire à la place des mots rebelles. Nul ne s'aperçoit de l'adroite substitution, de la difficulté vaincue. Cessant d'être bègue, Truro parvient aux plus hautes fonctions que sa droiture, un savoir profond, ses talents ne pouvaient lui faire obtenir, s'il n'avait acquis d'abord le charme de l'élocution.

Notre Opéra bégaye, croasse, mais aussi n'a-t-il aucun désir d'être compris. Il se croit chancelier, pourquoi ferait-il de nobles efforts afin d'arriver aux suprêmes honneurs?

— Le feu roi (Louis XIII) avait fait un air qui lui plaisait fort, il envoya quérir Boisrobert pour lui faire faire des paroles. Boisrobert en fit sur l'amour que le roi avait pour Hautefort. Le roi lui dit : — Ils vont bien, mais il faudrait ôter le mot *desirs*, car je ne désire rien. « Le cardinal lui dit : — Le Bois, vous êtes en faveur, le roi vous a envoyé quérir. » Boisrobert lui conta la chose. — O! devinez ce qu'il faut faire : ayons la liste des mousquetaires. » Il y avait des noms béarnais du pays de Tréville, qui étaient des noms à tuer chien; Boisrobert en fit une chanson : le roi la trouva admirable. » TALLEMANT DES RÉAUX, *Historiette de Louis treiziesme*.

L'Académie française a depuis longtemps cessé de nous offrir le *da capo* d'un éloge de Richelieu. Ne devrait-elle pas emboucher sa trompette lyrique en l'honneur de Louis treiziesme, digne admirateur de nos paroliers? Ne font-ils pas aussi des couplets à tuer chiens et chats?

Le poème lyrique n'étant point donné, sur quoi le musicien français établira-t-il sa partition? La prose rimée qu'il dépèce et loge comme il peut sous les notes de sa mélodie, étant inintelligible, quels seront les moyens de plaire, de séduire de vos acteurs? On ne peut les comprendre. Ce n'est encore pas moi qui parle, mais la nation entière.

Louis XV avait admiré le chant italien de Farinelli, de Caffarelli. Ce prince aurait sans doute applaudi Manelli, Anna Tonelli, s'il les avait entendus. Ces deux bouffes échappés d'une villette du Piémont, furent conduits par le hasard à Paris, pour y battre en ruine l'Académie royale de Musique, premier théâtre lyrique de l'univers; on le croyait du moins en France. Deux acteurs et trois comparses, un *troupaillon* italien, pardonnez-moi l'expression; elle appartient à l'argot des coulisses, et nous sommes à l'Opéra, dont le baragouin est cent fois plus sauvage. Ce troupaillon, dis-je, chantait des vers, il ravit les Parisiens jusqu'au troisième ciel, et leur fit prendre en horreur la prose rimée de Quinault, de Bernard, et la psalmodie de Lulli, de Rameau. Pergolese, Jomelli, Rinaldo, triomphèrent; le peuple académique avait mis bas les armes devant un seul chevalier, une seule amazone. Tout Paris raffolait des bouffes qui le charmaient depuis deux ans, lorsque la politique jugea que son intérêt voulait que la France restât barbare en musique. Le roi Louis XV, devenu chef de claqueurs, prit d'assaut le parterre de l'Opéra; gendarmes, carabiniers, chevau-légers, mousquetaires s'y rangèrent en bataille pour assurer la victoire de la vieille braillerie; les Italiens furent congédiés. 1754. Voyez page 150.

D'autres leur succédèrent en 1778; le roi Louis XVI les renvoya parce qu'ils ne le faisaient pas rire. Le croira-t-on? Ce pauvre et sage prince n'aimait qu'un genre de gaieté, dont l'extrême licence ne pouvait être admise sur un théâtre ouvert au public. *Berlingue, la Princesse Aéiou*, etc., parades obscènes dites, mimées et dansées par Despréaux et Mlle Guimard, avec toutes les fricassées qui charmaient les habitués des théâtres que cette virtuose possédait à Paris, à Pantin, pouvaient seules divertir le vertueux souverain.

L'admirable compagnie italienne que Viotti nous amena fit des merveilles en 1789, et nous lui devons notre école de chant. Le premier consul nous donna des Italiens en 1801, il est vrai. Napoléon Ier fit manœuvrer aux Tuileries les virtuoses les plus éminents de son époque, si féconde en talents du premier ordre, j'en conviens. Mais ce monarque avait de trop vastes projets en tête pour s'occuper de la civilisation musicale de son empire. Il serait revenu sur cette œuvre capitale et l'aurait accomplie, n'en doutez pas. Forcé de laisser en arrière une pensée de la plus haute importance pour notre gloire nationale, il dut se borner à nous dire : — Voici des modèles excellents, je les pose là, devant vous, imitera qui pourra. »

Au lieu de profiter du bienfait, au lieu de suivre de précieux exemples, les Français rirent au nez de leurs précepteurs; écoliers mutins et présomptueux, ils se moquèrent de leurs maîtres. Vingt opéras chantés à Feydeau réjouissaient le public, excitaient des transports de folle gaieté, lorsque nos acteurs s'évertuaient à contrefaire, à tourner en charge les virtuoses de l'Italie, à les ridiculiser par une imitation grotesque, impuissante et de mauvais goût.

Écoutez, paroliers! France, prête l'oreille!

Mme Mainvielle-Fodor débute à l'Opéra-Comique, le 9 août 1814, dans *la Fausse Magie*, *le Concert interrompu*, *le Calife de Bagdad*, *la Belle Arsène*, *Zémire et Azor*, etc., etc., et n'obtient pas le moindre succès, *fiasco orribile!* tombée tout à plat, refus d'engagement. Et Mme Fodor, quelques jours après sa longue épreuve, le 16 novembre 1814, va, de plein vol, au Théâtre-Italien, y remplacer la reine du chant, Mme Barilli! Par une coquetterie de jolie femme, par un défi d'artiste plein de confiance, de fierté, Mme Fodor va débuter et triompher dans Griselda, rôle favori, capital de Mme Barilli, rôle dans lequel cette virtuose s'élevait jusqu'au sublime de son art.

— Influence favorable, charme heureux, souveraine puissance de la musique italienne!

— Ah! de grâce, laissez aux imbéciles, aux ânes bâtés, ces exclamations propres à faire croire que vous établissez une différence entre la musique française et la musique italienne. La musique est une, indivisible comme notre république n° 1; la musique est la même en tout et partout dans le monde civilisé, je vous l'ai déjà dit. Mais les Italiens modulent des vers sonores, lestes, élégants, et les Français chanteurs sont forcés de traîner une prose lourde, sourde, rêche et raboteuse. Voilà toute la différence. Attachez des sabots de montagnard aux pieds de Mme Rosati, et vous verrez quels seront ses taquetés, ses pointes et ses jetés-battus. Ces mêmes sabots sont départis aux gosiers italiens assez imprudents pour s'aventurer à notre Opéra. Le carcan, le hausse-col académique les attend.

Mme Fodor tombée à Feydeau. Chute honteuse pour nos paroliers : leur prose immonde a seule causé le patatras.

Mme Fodor triomphante à l'Odéon : victoire remportée en vers, par les vers, à cause des vers.

En 1829, Rœckel nous amène quelques virtuoses allemands, suivis d'une poignée de choristes; et cette compagnie en abrégé, venant d'Aix-la-Chapelle, dont elle desservait le théâtre modeste, éclipse encore notre Académie royale de Musique. Haitzinger, Mme Schrœder-Devrient et leurs camarades triomphent à Paris; l'escouade habile des choristes est l'objet de l'admiration générale. La troupe chantante, non pas de Berlin, de Vienne ou de Hambourg, mais d'Aix-la-Chapelle! obtient un immense avantage sur l'armée de nos académiciens. C'était comme au temps de Manelli, d'Anna Tonelli; avec la différence que, cette fois, les choristes avaient une belle part aux honneurs de la victoire. Les journaux comme le public exaltaient le chœur allemand dont l'ensemble parfait, l'expression, le sentiment, le charme sonore, l'énergique variété de coloris, paraissaient gouvernés par une seule intelligence. On allait même jusqu'à dire : — Si notre armée agissait comme cette escouade, si l'on engageait de tels choristes à l'Opéra... — Vous n'en seriez pas mieux servis, répondit XXX. La force de ces Allemands est dans la musique rhythmée, complète qu'ils chantent; dans la mesure ferme et cadencée des vers qui règlent la marche de la mélodie. Croyez que nos choristes ne leur sont point inférieurs en moyens sonores, en habileté, mais hélas! et quatre fois hélas! nos infortunés choristes mâchent du charabia. »

Plus tard, en 1842, on engagea pour nos théâtres la bande chorale abandonnée à Ventadour par le directeur Schumann, et ce renfort précieux vint se noyer dans la troupe barbotante.

Mettez les admirables choristes de Berlin, de Saint-Pétersbourg au régime du charabia, vous les frapperez d'atonie, de paralysie. 40 chanteurs donneront alors de la voix comme 4.

— Je ne sais pas comment l'Opéra, avec une musique si parfaite, une dépense toute royale, a pu réussir à m'ennuyer. » LA BRUYÈRE.

— C'est la moins poétique des nations policées. » VOLTAIRE.

— La preuve que sa poésie est nulle, c'est qu'il est encore à s'en apercevoir. » DIDEROT, MERCIER, plus tard.

Ces compliments sont adressés au peuple français. Diderot ajoute, en désignant les paroliers de son époque :

— Ils ne savent pas encore ce qu'il faut destiner à la musique, ni par conséquent ce qui convient au musicien. La poésie lyrique est encore à naître ; il faudra bien qu'ils y viennent.

— Quoi donc, est-ce que Fontenelle, Quinault, La Motte n'y ont rien entendu ?—Non, il n'y a pas six vers de suite dans tous leurs charmants poèmes qu'on puisse musiquer. »

Est-il naïf notre brave Diderot, lorsqu'il pense que les paroliers français doivent entendre et comprendre, parce qu'ils sont bien avantagés en oreilles? S'ils avaient quelque sentiment, quelque idée de la mélodie du langage, ils auraient depuis longtemps cessé d'écrire en prose infame et nauséabonde. Ils négligent mesure et cadence parce que, ne les sentant pas, ils n'en sauraient comprendre l'indispensable nécessité.

— Prenez la plus harmonieuse des odes de Malherbe et de J.-B. Rousseau, vous n'y trouverez pas quatre vers de suite favorablement disposés pour une phrase de chant : c'est le même nombre de syllabes, mais nulle correspondance, nulle symétrie, nulle rondeur, nulle assimilation entre les membres de la période, nulle aptitude enfin à recevoir un chant périodique et mélodieux. Le mouvement donné par le premier vers est contrarié par le second. » MARMONTEL.

Vous le voyez, ce n'est plus moi qui parle, mais vos philosophes, vos poètes. Voltaire, Diderot, Marmontel, vous disent-ils assez clairement que les prétendus vers français ne sont encore que de la prose rimée? Prose suffisante, il est vrai, pour la comédie et la tragédie, mais que l'opéra repousse avec horreur. Bardée, grotesquement affublée de cette prose, votre musique se traîne ventre à terre comme le chat éreinté de Jocrisse. Depuis Saint-Évremond et La Bruyère, depuis deux siècles, votre opéra sert de plastron aux épigrammes des gens instruits, aux quolibets des méchants plaisants; il est la risée des étrangers. *Opéra français* est un mot

> Que jamais n'accompagne une épithète honnête.

Et pourtant vous avez des chanteurs habiles, d'admirables ballérins, un orchestre parfait, des peintures éblouissantes, des costumes élégants et riches, une musique parfois excellente; mais cet opéra, célèbre par sa marine! bredouille un charabia rebutant, inintelligible, dont l'atrocité dégrade la pompe royale dont vous l'entourez.

L'Opéra français est le spectacle le plus somptueusement ridicule qu'il y ait au monde. Spectacle ravissant, délicieux, pour les bambins, les sourds et les brutes. C'est un admirable portrait de Madame Angot, non pas l'énorme poissarde si réjouissante sous les traits du comédien Corsse, mais une jeune, belle, grande, svelte, gracieuse et séduisante Madame Angot, parée comme une duchesse, couverte de fleurs, de tissus précieux, de rubis, de perles, ornements ajustés avec un gout exquis; c'est une lorette de qualité, lionne trainant tous les cœurs après soi, faisant des milliers de conquêtes. Il suffit de la voir pour en être amoureux; on en raffole tant qu'elle ne parle qu'aux yeux et des yeux. Si par malheur elle ouvre sa jolie bouche, les *cuirs*, les *pataquès*, l'argot indéchiffrable qui s'en échappent vont abattre à l'instant la fougue passionnée de ses admirateurs. La poissarde s'est révélée, serviteur à madame la duchesse. Adieu, Madame Angot; quelle odeur de hareng!

— *Pecaire! peccato! que lastima!* s'écrient les Provençaux, les Italiens, les Espagnols. Quel dommage! disent les Français, qu'une femme si jolie et si galamment ajustée n'ait pas reçu l'éducation primaire, qu'elle module naïvement le langage des halles! — Eh! plût à Dieu qu'elle parlât aussi bien que les poissardes! on saurait au moins ce qu'elle veut dire; mais nul au monde ne peut comprendre son baragouin. »

Paris est le pays des contrastes, il en est d'inimaginables! tandis que six mille spectateurs maudissent chaque soir la rimaille française estropiant les mélodies de nos opéras, un nombreux auditoire applaudit à la Sorbonne des académiciens qui, de bonne foi, sérieusement, comme les médecins de Pourceaugnac, détaillent et proclament les sublimités de cette rimaille acerbe, rebutante. Braves gens, bien payés, ces académiciens gagnent leur pain, lavent la tête du nègre et ne perdent leur savon, heureuse sinécure! ils vous apprendraient à garder la lune des loups, science non moins précieuse, tant leur génie est inventif lorsqu'il s'agit d'émarger les tableaux d'une partition financière.

Vous avez des Aztèques à Paris, et vous bornez à les montrer comme des bêtes parlantes! Imprudents! ces étrangers dont vous ne comprenez pas le langage, s'expriment comme on chante à l'Opéra. Ces Aztèques sont, je le parie, des académiciens de Guatimohualpaca. Conduisez-les au Louvre, au Musée mexicain; vous les verrez en extase devant les magots effroyables curieusement assemblés, postés sur les tablettes. Ces Aztèques verseront des larmes de joie et de bonheur en retrouvant les chefs-d'œuvre de leur nation, les images qui les charmaient, qu'ils ont admirées dès l'âge le plus tendre. Ces neveux de Montézuma feront à leur tour de pompeux dithyrambes en l'honneur de tous ces monstres grimaçants. — Fi de l'Apollon, de la Diane! Véritables navets ratissés, figures sans expression vigoureusement accentuée. Fi de la Vénus de Milo! plaisante Vénus! manchotte doublement, et les nôtres ont quatre bras! » Voilà ce qu'ils diront.

Ayez un truchement prompt à vous expliquer le cours de plastique improvisé par les Aztèques. Ces pauvres académiciens de l'autre monde seront moqués, je n'en doute pas, et pourtant ils auront répété fidèlement ce que nos académiciens vous disent chaque jour en l'honneur des poètes lyriques français. Tant le grotesque lyrisme de nos Pindares a de parfaite ressemblance avec les chefs-d'œuvre de la statuaire mexicaine!

Qui Bavium non odit, amet tua carmina, Mœvi.

Fortuné pays, où les musées se multiplient! heureuse capitale, séjour de plaisir et d'étude, où l'on peut à l'instant comparer les dieux en marbre de la Grèce aux idoles informes du Mexique, et l'harmonieuse poésie chantée à Ventadour au galimatias rimé de notre Académie de Musique. Est-ce à Rome, à Vienne, à Singapore, à New-York, à Pékin, à Bénarès, que vous rencontreriez d'aussi remarquables et précieux contrastes? Et tout cela se meut, grouille en paix, fait son ménage dans Paris! tout cela peut vous montrer son brevet, sans garantie du gouvernement! il est vrai.

Les Français étaient dramatistes sublimes avant l'établissement de leur opéra. Insensible à peu près aux charmes de la mélodie, notre nation a toujours vu dans la musique un accessoire de la comédie chantée, dont le drame était l'objet essentiel. De là vient la position que nos paroliers se sont faite et qu'ils ont conservée. Ils régissent en France l'empire musical; aucune partition ne peut être mise au jour sans qu'ils en aient imposé le croquis; drame souvent ingénieux, mais toujours discordant et barbare dans ses parties destinées au chant figuré. Nos musiciens implorent humblement, à genoux, la rimaille de ces privilégiés, ils gémissent d'être contraints de mutiler, dégrader leurs cantilènes pour les unir à des versets rabougris, disant: —Mon parolier est bossu, contrefait, et je suis obligé de me disloquer les membres pour me fourrer dans son justaucorps! Est-il une condition plus horrible! » Le musicien veut-il secouer le joug rivé par une imbécillité séculaire, et prouver, en se fabriquant des livrets, que la langue française peut donner tous les effets de rhythme et de cadence obtenus par les Grecs, les Latins, les Provençaux et les Italiens? Haro sur l'insolent! anathème, proscription, ligue, coalition, qui n'empêcheront pas le novateur généreux d'écrire une infinité d'œuvres, mais tous nos théâtres lyriques, tous, lui seront fermés. La consigne secrète est donnée, croyez quelle sera rigoureusement protégée, observée.

En Italie, c'est tout le contraire, aussi la musique y triomphe-t-elle sur tous les points. Les musiciens y gouvernent leur empire, Tottola se tient modestement loin de Rossini. A Paris, ce maître sera coudoyé par Soumet, par Jouy, prosateurs intimes, auprès desquels Tottola, comme la palme du *Cid*, s'élèverait au sommet du Parnasse.

La rimaille de nos paroliers étant maintenue à l'Opéra dans toute sa difformité honteuse pour un peuple civilisé sur tant d'autres points; cette rimaille devant s'attacher comme la rouille, la teigne, comme les pieds, les bras, les cornes du polype aux inspirations de nos musiciens, toute improvisation leur devient impossible. La corvée d'arrangeur de mots qu'il faut chercher, trier dans le fumier, ce travail de manœuvre, ne doit-il pas nécessairement précéder la création, le jet spontané des mélodies? L'entrée scintillante de Figaro, la prière sublime de *Mosè* jailliront-elles d'un cerveau musicien avec la soudaineté de l'éclair, s'il faut un jour, une semaine pour en ajuster les mots, les syllabes?

Les colosses d'harmonie, ces finales intrigués, variés, flambants, fulgurants vous sont interdits. La prose rimée, chat éreinté de Jocrisse, ne pouvant pas trotter, encore moins galoper, nos musiciens ont-ils jamais produit un seul de ces airs, de ces duos, de ces ensembles dont la gaieté folle et brillante nous charme, nous ravit, tels que *Largo al factotum*, *Lena cara*, *Lena bella*, et mille autres qui pullulent dans les opéras italiens, établis sur des vers? Voyez pages 386, 412.

Vous avez des acteurs musiciens, des choristes lecteurs admirables, qui, d'un premier coup d'œil, saisiraient leur partie, et chanteraient, enlèveraient tout un opéra, comme vos symphonistes, guidés par l'infiniment brave et fougueux Valentino, dirent, à la première vue, l'ouverture si brillante et si difficile de *Guillaume Tell*. Je me souviens de ce fait d'armes. Dix minutes ont suffi pour faire sonner victorieusement cette symphonie. Il faudra bien dix mois, dix-huit mois à vos choristes pour offrir un résultat, qui ne sera jamais satisfaisant, parce qu'il est impossible qu'il le devienne. Et pourtant ces virtuoses n'ont pas à se préoccuper du doigté plus ou moins scabreux de leur clarinette; mais ils sont forcés d'attacher à leurs notes des fragments de paroles qui n'ont pas plus de sens que de mesure, il faut qu'ils entassent dans leur mémoire tout le bric à brac de l'académique charabia. Plus nos choristes seront habiles, intelligents, et plus ils seront rétifs à farcir leur tête de ces discordantes sottises (1). L'orchestre a galopé sur le macadam, le chœur est plongé dans le bourbier de la rimaille, et ces deux régiments se dirigent sur le but qu'ils doivent toucher en même temps ! Arrivez Cimarosa, Rossini, Donizetti ! s'il vous était permis d'improviser une œuvre en quinze jours, il ne faudrait que dix-huit mois pour débrouiller l'argot de cette *boulanche*; le roi de Thunes, le grand Coësro en jetterait sa langue aux chiens.

Et voilà pourquoi nos journalistes, prompts à donner à leur critique un vernis de jeunesse et d'actualité, se servent de termes qui paraissent impropres, étranges à celui qui ne possède point encore leur secret. Ils nous disent chaque jour : — Les chanteurs ont fort bien *interprété* le nouvel opéra ; les auteurs ne pouvaient rencontrer des *interprètes* plus intelligents, des truchements plus habiles pour l'*interprétation* des chefs-d'œuvre de notre scène lyrique, etc., etc. Si nos opéras n'étaient pas de véritables logogryphes, des lettres diplomatiques souvent indéchiffrables, des tables isiaques d'une obscurité désespérante, nos écrivains de la presse auraient-ils adopté le langage des Scaliger et des Champollion? Avec sa feinte bonhomie, le journaliste est bien malin !

Et pourtant la France brille au premier rang des nations policées, et Paris se dit le centre de la civilisation ! Ne désespérons pas ; la civilisation de l'oreille française arrivera quand on voudra bien permettre qu'elle arrive ; et demain pourrait être le jour de cette heureuse réforme. Que dis-je? elle serait depuis trente-quatre ans établie, en exercice, en plein rapport, si depuis trente-quatre ans on ne m'avait banni de nos théâtres lyriques, où je n'ai pu montrer que la friperie d'un traducteur, où je n'ai pu

---

(1) Après avoir entendu prêcher François de Harlay-Chanvallon, archevêque de Paris, Patru dit : — Je n'admire qu'une chose en lui, c'est comme il peut retenir par cœur tout ce qu'il dit, car il n'y a ni pieds ni tête à son discours, et il récite tout cela avec une insolence qui n'est pas imaginable. •

chanter et faire applaudir mes œuvres de musicien qu'en me cachant derrière le masque d'un étranger vulgaire, ou bien sous le vêtement funèbre d'un trépassé de bonne maison.

Quand ce jour de renaissance aura brillé, quand il aura dissipé les nuages de barbarie qui voilent notre belle France, quand notre langue, unie gracieusement à la musique, sonnera d'aplomb et toujours d'aplomb sous les notes; lorsque la nation aura joui de l'accord délicieux, du charme ravissant né du mariage de la poésie avec le chant; lorsque nos virtuoses seront compris avant d'être admirés, les oreilles de corne prendront à l'instant la sonore élasticité du cristal. Affranchies de leur cataracte, elles auront vu jaillir des flots d'harmonieuse lumière, et ne voudront plus se plonger dans les ténèbres, dans la fange du charabia.

Vous chanterez alors, mais en riant aux éclats, vous chanterez les romances les plus tendres, les airs pathétiques de l'ancien temps, de 1836; et, sans en altérer l'atroce prosodie, sans en déguiser les cuirs et les pataquès, vous direz : — Voilà pourtant les ordures dont un peuple intelligent, spirituel, s'est repu, gargarisé pendant des siècles! Est-il possible que dans un palais de fées, à la lueur de mille flambeaux, devant la fleur de la nation, devant un peuple d'étrangers malins, on ait osé débiter de pareilles sottises, à la faveur même du fracas de l'orchestre? Ah! ah! ah! que c'est plaisant, drôle, burlesque! et de confiance, on applaudissait tout ce que d'autres imbéciles avaient applaudi! »

Méhul voyait souvent Mme de Beauharnais avant qu'elle n'épousât le général Bonaparte. Cette liaison tout amicale avait pris naissance dans la maison Ducreux, maison charmante qui m'a laissé de bien doux souvenirs! Après son élévation, Mme Bonaparte présenta Méhul au premier consul, qui, toutes les semaines l'invitait à dîner à la Malmaison. Ces réunions familières du guerrier avec les artistes ne cessèrent qu'à l'époque du couronnement. Amateur passionné de musique italienne, connaisseur et même correcteur ingénieux de partitions (Voy. page 320). le premier consul abominait l'opéra français. La politique exigeait qu'il protégeât ce spectacle national, et, pour concilier ce devoir avec ses affections, Napoléon rêvait une réforme complète qui vînt amener enfin notre grand théâtre lyrique au rang des autres établissements de ce genre que l'on admirait en Europe. Ce projet de civilisation musicale était l'objet de longs entretiens aux dînés de la Malmaison. Élève du peintre Ducreux, j'apprenais de Méhul tout ce qui s'était dit sur un sujet déjà fort intéressant pour moi. *L'Irato*, que Méhul produisit comme une pièce à l'appui dans cette controverse, *l'Irato* ne prouva rien du tout. L'empereur fit de nobles efforts, il est vrai, pour accomplir sa réforme, le malheur voulut qu'on l'entreprît à l'inverse. Le mal gisait dans le poëme, on appliqua le remède sur la musique. Des compositeurs étrangers furent appelés, leurs chutes ou leurs victoires ne pouvaient rien décider puisqu'elles restaient en dehors de la question. Coupez une jambe au malade qui souffre des oreilles, vous ne l'empêcherez pas d'être frappé de surdité.

En 1810, S. M. Louis-Napoléon, roi de Hollande, continuait l'œuvre de son auguste frère, poursuivait la réforme projetée, en écrivant un *Mémoire sur la Versification*, où je lis, page 23 : — Comme la versification française n'a point eu jusqu'ici de distribution ni de places fixes pour ses accents, elle ne peut suivre le rhythme musical sans le dénaturer, ou sans se modifier elle-même. »

— La rime est inutile à la cadence, harmonie ou rhythme intérieur du vers. » Etc., etc. page 41 (1).

Entreprise par Napoléon Ier, continuée par Louis-Napoléon, roi de Hollande, la renaissance ou pour mieux dire, LA CRÉATION de l'opéra français, est une œuvre de famille. A notre empereur Napoléon III appartient l'honneur insigne de terminer cet autre Louvre; et ce ne sera pas le moins glorieux des travaux de ce monarque.

Méhul, qui se plaisait à me faire jaser sur son art, me conseilla de renoncer à la peinture pour me lancer au Conservatoire

---

(1) *Mémoire sur la Versification et divers essais, par le comte de Saint-Leu, adressés et dédiés à l'Académie française de l'Institut*; in-4, à Florence, chez Guillaume Piatti, 1819.

de Musique. Deux mots échappés à ce maître dans une de nos longues conversations me donnèrent l'idée précieuse de traduire des partitions italiennes, allemandes.

Plus ridicule encore qu'il n'est aujourd'hui, notre Opéra déchirait l'oreille du marquis de Lauriston. Ce ministre de la maison du roi Louis XVIII, voulant ressaisir le projet de réforme que Napoléon avait conçu, me nomme directeur du Conservatoire, poste infiniment honorable que ma position financière ne me permit pas d'accepter, puisqu'il fallait renoncer à mes travaux de journaliste et de traducteur. Abandonner ainsi l'espoir d'un million, j'y perdais trop. — Puisque nous ne pouvons commencer la réforme par le Conservatoire, il faut la diriger sur l'Académie royale de Musique, traduisez-moi douze opéras étrangers, faisons maison nette en renouvelant le répertoire, » me dit M. de Lauriston. Pour commander un tel branle-bas et l'exécuter, pour attaquer de front la sottise puissante et présomptueuse, il fallait un Napoléon, et je n'étais soutenu que par un de ses lieutenants. Je prévoyais si bien la révolte, l'ouragan, que je me fis compter d'avance une bonne part du loyer. Utile précaution ! le *Moïse* que j'avais traduit et dont le succès merveilleux était *alors* certain, 1822, fut repoussé malgré la foi des traités, condamné par un jugement inique. Nos prosateurs rimants, tous, même les académiciens ! se crurent assez habiles pour traduire des opéras, et la réforme que nous devions diriger sur le poème en l'écrivant en vers, étant prise à rebours, produisit la plus hideuse avalanche de saletés alexandrines que l'on puisse imaginer.

Chef d'un peuple, d'un peuple indomptable,

est un échantillon du lyrisme de Soumet. Ajustez, si vous le pouvez, ce versicule effroyable et ses dignes acolytes sur la phrase brillante et leste : *Duce di tanti eroi* du *Maometto* de Rossini.

On m'avait présenté comme réformateur, je fus rayé du nombre des humains. Les pieux cénobites qui voulaient ramener au devoir des communautés gangrenées, et les arracher aux griffes de Satan, n'avaient-ils pas éprouvé des tribulations infiniment plus rigoureuses ?

L'Académie royale de Musique préférait les chutes aux succès, pourvu qu'elle obtînt ces nobles chutes d'une autre main que de la mienne. Bien mieux ! elle se plaisait à faire tomber, sur son théâtre sans rival, des œuvres que l'on avait vu triompher sur de modestes scènes. Elle s'est donné ce plaisir en faisant retraduire *Robin des Bois*, *Otello*. Sans mes prudentes et dures observations, elle aurait usé de la même facétie pour *le Barbier de Séville*, et sa Rosine était M*^{me}* Stoltz ! *Dio santo !* Mme Stoltz !

Un traducteur habile est doublement précieux. Il connaît son public et flaire les succès. Acceptez s'il propose, n'insistez jamais s'il refuse. Croyez-vous qu'un traducteur musicien vous eût donné *Jérusalem*, *Louise Miller*, *Bethly?* J'ai refusé de traduire *Semiramide* parce que l'exécution en était impossible.

Si les pensions académiques sont rétablies, je ferai valoir mes droits; non pas sur une rente de 2,500 fr., reliquat d'un vieux compte, bagatelle que j'ai perdue en 1830; mais sur une riche, opulente, énorme pension carrément assise, fondée sur les trois ou quatre millions que l'animosité professée contre son ex-réformateur a fait perdre à notre Académie de Musique. En France, les arts sont dévorés par des insectes. Ces ennemis nombreux, dangereux, ce sont les pièces de vingt sous, qu'une troupe ardente à la curée veut conquêter par tous les moyens connus. Donnez de sages conseils, parlez d'honneur national à des ouvriers partis, lancés, galopant à la chasse des piécettes, et qui, dans leur métier, ne voient absolument que ce résultat; inutiles soins ! peine perdue !

Un directeur de spectacle abandonne son poste, et l'on apprend qu'il avait signé des traités, avec primes et conditions onéreuses, pour une série d'opéras dont notre siècle n'aurait pas vu la fin. Plusieurs devant être représentés cinquante et même cent fois de suite, quel heureux avenir pour les débutants ! Les piécettes ! *et iterum* les piécettes !

Le succès immense des *Folies amoureuses*, du *Barbier de Séville*, etc., etc., souleva contre moi paroliers, musiciens et journalistes. Mes traductions, les seules que l'on ait pu chanter d'aplomb et d'une voix agile, bien sonnante, furent présentées comme un fatras indigne de la critique. Bien plus! comme une action blamable, puisque je prouvais à nos faiseurs privilégiés que leur cheval n'était qu'un âne. Dès que les rimeurs de l'Institut, les paroliers, les musiciens, les journalistes mêmes, flanqués de truchements italiens, allemands, se furent abattus sur une proie facile à conquérir (ces braves gens le croyaient du moins), les gazettes changèrent de ton. Elles nous dirent que les opéras traduits étaient des *œuvres littéraires* d'un grand prix, des diamants dont il fallait enrichir nos écrins, des modèles précieux, excellents pour nos jeunes compositeurs.

Quelle était donc la cause d'une palinodie si complète et si prompte? Les piécettes rien que les piécettes. Pauvres hères, dont le patriotisme furibond cède à l'appât d'un misérable lucre! Oui, misérable! puisque, cinq ou six noms d'arrangeurs figurant sur l'affiche, les piécettes devenaient presque des centimes; et seul, tout seul, j'émargeais doublement les feuilles de notre receveur! Voilà, voilà précisément ce qu'on ne m'a jamais pardonné. Un travail de ce genre ne peut être fait que par une seule main, si l'on veut qu'il soit bon et que la recette se présente décemment. J'aurais fait réussir, j'aurais porté jusqu'aux étoiles *Robert Bruce*, quatre illustres l'ont précipité dans l'abîme.

Et ce mot d'*œuvre littéraire* appliqué naïvement à de pitoyables livrets! comme si les musiciens, constamment étrillés par nos littérateurs, devaient être bien cupides, bien empressés de reprendre le collier de misère. *Esther, Athalie* ne sont-elles pas des œuvres littéraires sublimes? essayez de musiquer leur prose, ce lyrisme sans cesse exalté.

Voltaire, Diderot, Marmontel et cent autres vous ont affirmé, prouvé que la poésie lyrique était encore à naître en France; mais, en dénonçant le mal, ces docteurs ont-ils signalé, prescrit le remède? Point du tout, c'est la seule chose qu'ils aient oubliée.

Mille fois on vous a reproché l'absence d'un moyen puissant, victorieux qui seul peut unir la parole au chant et former ainsi l'harmonieux langage dont vous êtes privé, tandis que les sauvages cavaliers d'Azoff, les Baskirs, les Meschtschirsaks et leurs maritornes le possèdent. A cette attaque sans cesse renouvelée, qu'avez-vous, que m'avez-vous répondu ? — C'est juste, parfaitement juste, mais pour donner au français un lustre mélodique, une cadence qui nous échappent, et mesurer des vers lyriques d'après votre système, il faudrait être musicien. »

Eh bien ! ce parolier-musicien, ce musicien-parolier, qui ne prendra jamais le titre de *poète,* si drôlement porté chez nous ; cet animal amphibie, androgyne, bicéphale, que la France attendait en vain depuis sept mille ans; cet animal, unique dans son espèce ! peut réhabiliter l'honneur français cruellement navré par nos voisins; il peut régénérer vos théâtres lyriques; cet animal est votre maître à tous. Je vous le dis parce que vous le savez ; et c'est à cause de cela que vous recommandez ce même bicéphale à nos hermétiques, afin qu'il soit plongé, confit, luté dans un bocal. *Ne varietur.*

Expédier une lettre de cachet ne suffisait pas ; il fallait introduire le proscrit dans sa bastille de cristal, et cette manœuvre présentait quelques difficultés : on imagina d'arriver au même but en suivant un autre chemin. — Qu'il reste libre d'écrire une infinité de livrets et de partitions, dit généreusement la bande philistine, mais que toutes les portes des théâtres lyriques de Paris lui soient fermées. Toutes, entendez-vous bien? Toutes. » La consigne fut notifiée aux directeurs avec promesse d'un retrait général du répertoire, s'ils étaient imprudents, téméraires au point de mettre en scène la moindre opérette du coupable novateur. Cette consigne est encore religieusement observée.

C'est ainsi que Néron sait disputer un cœur !

Lorsqu'on ne peut bondir avec les lions, il faut se musser et fouiller sous terre avec les taupes.

Ce qu'on a dépensé de toutes les manières, en intrigues, en stratégie, diplomatie, embuches, embuscades, chicanes, perfidies, inique sentence dont le jury de l'Opéra s'est vanté publiquement; ce qu'on a dépensé, vous dis-je, en inventions dignes du brevet, en manœuvres secrètes ou patentes, en deniers *comptés par le gouvernement!* pour m'enlacer, me garrotter, me bâillonner, me rendre taisant, est inimaginable. Avec cet argent, et celui que *j'ai fait perdre* à notre Académie, on lui bâtirait une salle d'opéra magnifiquement incrustée de marbre de Carrare. Oh! la haine et l'envie ne marchandent jamais, quand l'État solde le mémoire (1). La haine est aveugle comme l'amour, elle n'a pas songé qu'un tel déploiement de forces et de ruses, que trente-quatre ans d'une persécution vive et constante, dirigée contre un pygmée, un dolope, un atome, donnaient au musicien-parolier une importance colossale, un renom plus qu'européen.

Nos Philistins avaient donc à redouter un autre Samson puisqu'ils lui jetaient le *lasso*. Poursuivi, traqué, muselé comme une bête fauve, quelle fortune pour un artiste, que dis-je? pour un avocat! Est-il un thème plus heureux à mettre en variations, une cause plus grasse à plaider? Quel bonheur si le captif, un peu dériseur, est légèrement curieux d'excentricité! Vous croyez qu'il gémit, soupire, se désole; qu'il attaque avec ses poings et sa tête les murs de sa prison; qu'il vocifère un *agitato feroce, disperato*, non. Il se plaît à moduler un vers charmant, le plus joli vers de romance qu'il trouve en sa mémoire opulente, vrai magasin de bric à brac où les sottises de nos académiciens lyriques sont aussi registrées. Il modulo ce trait parti du cœur de Marceline Desbordes-Valmore:

J'y laisse mon bouquet, il parlera pour moi.

L'envie n'a-t-elle pas oublié, laissé, déposé son bouquet dont le parfum acerbe, mais flatteur au dernier point, a passé les mers et va demander quelques larmes pour une joyeuse infortune?

Un soldat va se coucher à l'hôpital, et ses camarades s'écrient: — Le paresseux, le fainéant! il dit que la fièvre le tourmente afin de se dérober aux fatigues du service. Peut-on abuser ainsi

---

(1) Deux *Moïse* ont été payés, repayés, archipayés pendant quatorze ans; XXX était un créancier fort incommode. Le dossier de cette monstrueuse affaire s'unira très-bien aux pages amusantes des *Curiosités sur le Grand-Opéra*.

de la bonté de nos chefs ? » Ces propos sont redits jusqu'à l'heure où l'on apprend que le soldat est mort. L'opposition cède à cet argument, et, du ton le plus humble, dit : — Tout de même il était malade. » Le pauvre diable a dû se faire enterrer pour obtenir justice.

Vingt fois il m'est venu l'idée un peu folle de me procurer la même faveur ; de me faire proclamer savant, ingénieux, homme d'esprit, musicien rare et d'une espèce inconnue, digne de toutes les académies qui m'ont frappé de réprobation, de me faire mouler en bronze en Allemagne, canoniser en Italie, etc., etc. Aller de vie à trépas me suffit pour obtenir ce triomphe complet. Est-il un moyen plus leste, plus simple? Cette idée agréable, ambitieuse me poursuivant à chaque heure du jour et de la nuit, je me suis muni largement de poison. Vous en trouverez dans ma cuisine, près de mon lit, sur mon bureau. Lorsque j'éprouve mes crises d'humeur noire, d'horrible désespoir, je saisis le poison d'une main ferme; et, le froissant contre le mur, ce feu mortel, qui devait incendier mes entrailles, sert à faire briller ma chandelle.

Et mon gentil Vivier n'aurait-il pas aussi les honneurs du bocal? ne serait-il pas aussi rayé du nombre des humains? rendu taisant, mis *in pace* pour le reste de ses jours, s'il avait besoin d'une salle de spectacle, d'une armée de chanteurs et de symphonistes pour exercer une brillante et magique industrie ? Plus heureux que moi, plus libre que l'air, puisque l'air soumis à ses lois, est par lui contraint de former deux, trois et même quatre sons en s'échappant d'une seule embouchure; Vivier, comme Bias, porte avec lui tout son bagage, la mélodie et l'harmonie, le chant et l'accompagnement. Fermez-lui tous vos théâtres, il ira sur la colonne réjouir le héros d'Austerlitz avec des fanfares dignes de son illustre auditeur.

— Pourquoi voudrait-on s'opposer?...

— Pourquoi? rien n'est plus naturel, plus simple; Vivier obtient quatre notes simultanées, un accord plus que parfait sur le cor, et cet instrument rebelle nous retient à l'unité! Vivier donne six francs, huit francs à l'oreille qui doit se contenter de nos quarante sous; anathème sur le novateur insolent, au bucher le suppôt de Lucifer, le sorcier! »

J'ai traduit les chefs-d'œuvre de Mozart, de Rossini, de Weber, de Donizetti, et, grâce à mon travail, la musique de théâtre a fait chez nous un pas de géant. *Le Barbier de Séville* a formé plus de chanteurs en France que toutes nos écoles n'en auraient produit en un siècle. Nos gazetiers, hommes d'esprit et de savoir littéraire, s'étaient fait, en musique, une réputation déplorable, européenne d'ineptie; j'ai fondé la critique musicale à Paris, et sur-le-champ le *Journal des Débats* a vu ses articles applaudis, cités ou traduits par l'Allemagne, l'Italie, etc. Il est vrai qu'un orage de malédictions éclatait sur ma tête; j'expiais à Paris les douceurs qui m'étaient prodiguées à l'étranger. Nos gazettes me logeaient tout simplement à Charenton. Éloges bien motivés, anathèmes fulminés par l'opposition avec une vigueur constante, voilà ce qu'il faut à l'artiste. Malheur à celui qui, redoutant la chaleur du creuset, du miroir ardent, prodigue son or, ses billets, pour n'acheter que des louanges!

— On ne fait pas de sérieuses études au Conservatoire, avec Perne et Catel, pour écrire des feuilletons et traduire des opéras; il faut entrer en lice franchement, et composer une œuvre dramatique, » me disait-on.

J'acceptai le défi, je profitai du conseil. Nul au monde n'aurait voulu me confier un livret; j'écrivis celui de *Belzébuth*, en quatre actes, et l'offris à M. Duponchel. Ce directeur en fut enchanté, le reçut en me disant: — Rien n'est opéra comme *Belzébuth*, tous les genres y sont réunis, combinés ingénieusement pour le spectacle, la danse et la musique. » Et pourtant cet ouvrage fut abandonné quand je prétendis à la faveur insigne d'en composer la musique.

Je ne réussis pas mieux avec *la Marquise de Brinvilliers*, livret proclamé chef-d'œuvre du genre par M. Scribe, mon aimable collaborateur, et par Boieldieu, qui devait en musiquer un acte et demi. Inhibitions et défenses me furent faites d'en écrire le reste de la partition. M. Scribe est là, prêt à vous le dire.

Un opéra tout entier, paroles et musique, m'est demandé,

commandé par les directeurs du Théâtre-Italien; Lablache, Tamburini, Rubini, Mlle Grisi, me sont désignés, accordés pour le chanter. J'obtiens un succès immense de répétitions, un succès tel que je n'en ai vu de ma vie; et, dès la onzième de ces brillantes épreuves, des accrocs viennent interrompre nos exercices, et l'incendie consume le théâtre. Voyez l'*Académie impériale de Musique*, tome II, page 451, pour le complément de l'aventure. Celle de *la Marquise de Brinvilliers*, tout aussi lamentable et comique doit figurer avec ses détails incroyables, dans l'*Opéra-Comique*, tome IVe des *Théâtres lyriques de Paris*.

Peut-être croyez-vous que je vis comme un ours, *sicut nicticorax in domicilio*, loin d'une société joyeuse, spirituelle, charmante que l'amour des piécettes a seul pu liguer contre moi; point du tout. Nos cinq ou six codes ne défendent pas qu'une coalition d'auteurs empêche rigoureusement toute civilisation dans nos théâtres lyriques. Je n'ai donc rien à demander aux tribunaux. Si le plus brave recule devant quelques paires d'antagonistes, j'en aurais six cents à combattre, il m'est loisible de faire retraite sans que l'honneur de mon ipsité soit compromis. Auteurs et directeurs de spectacles sont les meilleurs fils du monde, ils s'abordent tous en se disant *mon ami*, vous faut-il une plus belle preuve des sentiments affectueux qui les unissent? J'ai souvent critiqué des auteurs assez vivement. Hommes d'esprit, ils m'en ont remercié. La critique est un certificat de vie, un brevet d'estime et de talent. On ne saurait critiquer ceux qui n'ont pas encore débuté.

J'ai trouvé des amis sincères parmi les directeurs de l'Opéra, leur intérêt les a parfois amenés à mon bord. Ils étaient assez malins pour juger l'explosion lucrative qu'un de mes ouvrages devait produire; mais le pouvoir occulte les dominait. Mettez deux serins mâles dans une même cage, un seul chantera. La raison du plus fort, un coup d'œil menaçant, impose silence à l'oiseau terrorisé. Séparez ces virtuoses, tous les deux serineront à beau plaisir de gorge. Croyez que je connais aussi les mœurs et les allures de ces musiciens.

« — Faites donc siffler un de mes opéras, disais-je à Titius. — Je n'ai pas d'autre envie, ce serait un coup de fortune; mais on le sifflerait trop longtemps! et voilà pourquoi la herse de la coalition est abaissée entre vous et moi. »

Sempronius, à qui je faisais la même proposition, s'écria tout effaré : — Quatre actes, trois décors ! — Pas le moindre; j'ai les décors en horreur. C'est de la graine de niais, pour les niais. — Et les costumes? — L'habit de ville, comme aux répétitions faites devant le public. — La copie? — Pas nécessaire : partition, rôles, parties du chœur et de l'orchestre, tout est gravé, tiré sur papier blanc comme la neige. — Le temps employé pour les études? — Je connais mieux que vous le talent de vos lecteurs, de vos symphonistes; je sais comment ils ont enlevé, dévoré l'ouverture de *Guillaume Tell* à la première vue. Un coup d'œil leur suffit. — Et les virtuoses du chant, les choristes? — Ne sont pas moins habiles. Ils marcheront aussi bien, aussi vite que les symphonistes, quand ils auront des vers à chanter au lieu de syllabes à triturer. — Mais quatre actes, c'est énorme! — N'en essayez qu'un. Devant le public au moins, je n'aime pas le mystère et pour cause ! — Un acte entier? — Ne dites qu'un air, un chœur, un duo. — Mes chanteurs voudront-ils?... — N'exécutez que l'ouverture; mais le soir, dans une représentation. — Où la placerions-nous? — Ne dites que l'entr'actes; il se casera fort aisément. — Ah! ah! ah!

Ah! ne me brouillez pas avec la république! »

dit Sempronius, nasillant, pour imiter Baptiste-Prusias.

N'était-il pas curieux de voir à l'œuvre le traducteur d'opéras, l'heureux pâtissier, arrangeur de la musique des autres; de voir le feuilletoniste donneur de conseils, le réformateur élu par le ministère, le maître de chapelle du *Journal des Débats*, expier en scène la présomption du pédagogue dont on avait reçu des lois, subi le joug en frémissant de haine, de dépit? N'était-il pas d'une piquante originalité de voir tomber tout à plat sous une grêle de sifflets, le novateur assez audacieux pour tenter de réhabiliter d'une manière éclatante et pompeuse cette langue française que l'on accuse d'impuissance musicale, par la seule raison que des écoliers maladroits ne savent pas jouer d'un instrument dont ils ignorent la gamme et le doigté ? N'était-ce pas une *cholie choustice*, un spectacle réjouissant que de voir pendre sur la grève d'un théâtre ce parolier-musicien, Pourceaugnac d'une espèce nouvelle ?

Eh bien ! le croirez-vous ? on a reculé devant cette épreuve brutale, mais solennelle et décisive. Il est des œuvres que l'on ne peut condamner qu'en les dérobant à tous les yeux, à toutes les oreilles : il faut les étrangler entre deux guichets. Le public, toujours intelligent quand il est nombreux, trouvant enfin des vers lyriques, bien sonnants, faisant corps avec la mélodie, pouvait saisir l'intention de l'auteur ; il pouvait se complaire à son langage français gracieusement revêtu des formes italiennes ; il pouvait comprendre enfin, comprendre ce que l'on chante à notre Académie de Musique, et cette exhibition n'aurait pas manqué de porter un préjudice énorme au charabia que vous savez. Charabia que vous subissez encore dévotement, parce qu'on n'a cessé de vous affirmer qu'il était le résultat *inévitable!* de la dureté native de notre langue. Charabia qu'il faut soutenir et défendre comme un mal nécessaire. En effet, si les Parisiens cessaient d'être simples et crédules, trop de gens cesseraient d'avoir de l'esprit, et la chasse aux piécettes ne se ferait pas en eau trouble.

La plupart de nos peintres les plus habiles n'ont pas voulu se donner la peine d'apprendre les règles de la perspective. Ils les ignorent, c'est tout simple. Cependant, comme il faut que les personnages, les montagnes, les arbres, les bâtiments surtout, les meubles, les rivières, les barques, les navires, etc., qu'ils représentent dans leurs tableaux soient à leur plan, ces peintres ne croient pas que leur amour-propre ait à souffrir, s'ils appellent un perspecteur à leur aide. Ce praticien, géomètre exercé, trace, marque les lignes partant du point visuel pour aller atteindre les objets à leurs distances respectives, et les caser ainsi juste à leur place. Le croquis mis au point est ensuite animé par le génie de l'artiste.

Vous savez faire d'excellents croquis d'opéras, vos drames sont adroitement combinés pour l'intérêt, la variété des situations, la danse et le spectacle, mais vous ignorez complètement la perspective musicale, et vos prétendus vers lyriques sont des râpes à écorcher chiens et chats. Pourquoi ne suivriez-vous pas l'exemple de nos illustres peintres en appelant des perspecteurs à votre aide? Pourquoi les directeurs d'opéra ne vous imposeraient-ils pas des perspecteurs idoines à mettre au point vos lignes dissonantes et raboteuses? Car il s'agit, avant tout, des intérêts de ces directeurs; s'ils acceptent un livret, il faut que cette œuvre fondamentale puisse être musiquée et présentée décemment au public. L'oreille française, n'en doutez pas, sera prompte à se civiliser à l'égard de la musique; elle est encore indulgente parce qu'on s'efforce de lui persuader qu'il est impossible de faire mieux que vous ne faites. Mais le public intelligent, subtil et sévère de la Comédie-Française, est aussi le public de l'Opéra; s'il s'avise de prendre en grippe votre burlesque charabia, vous le verrez faire chorus avec les baragouineurs de la scène; et les tragédies lyriques deviendront alors des parades bouffonissimes. En province, n'a-t-on pas déjà supprimé des passages que le public entonnait ironiquement avec les acteurs?

A ce mot de *perspecteurs*, je vois bien des poils se hérisser. Vous croyez peut-être..... que le bon Dieu, la Sainte-Vierge et tous les saints du paradis m'en préservent, j'ai d'autres chats à soigner. Moi donner des avis! ne seraient-ils pas repoussés avec indignation? Mais on les recevra gracieusement de mes élèves, l'honneur restera sauf, on pourra plumer les canards, et même boire à ma santé.

Deux ou trois perspecteurs habiles, MM. Th. S., P. F., H. T., par exemple (je vous les nommerai quand il en sera temps), débrouillant le chaos de vos paroliers, changeant leur prose en vers cadencés, feraient marcher à grande vitesse un convoi toujours embourbé. Vos musiciens n'ayant plus à s'occuper du triage des mots, des syllabes, pourraient imiter la prestesse italienne dans l'expédition d'une œuvre devenue lyrique. Acteurs et choristes apprendraient en vingt jours leurs parties, les symphonistes ne seraient plus forcés d'assister, fort inutilement pour eux, à 28, à 29 répétitions générales, afin de guider, soutenir les pas incertains des infortunés macheurs de syllabes revêches (1), et le nombre des ouvrages nouveaux pourrait s'élever, comme autrefois, à 22 ou 24 par année (2). Vous auriez des opéras chantables que nos virtuoses chanteraient admirablement. Intéressé par un drame ingénieux dont il comprendrait tous les détails, par une mélodie en accord avec les paroles, notre public, trouvant enfin chez vous les nobles séductions de l'opéra italien, vous prierait de supprimer tout le fracas de machines, de vaisseaux, d'escaliers, de montagnes, de ponts, de souterrains, qui sont une injure quotidienne adressée à son intelligence ; accessoires dont il faut attendre l'équipement, la toilette pendant un nombre de quarts d'heure. Les bambins, les sourds et les brutes, que vous avez l'honneur de charmer aujourd'hui par ce moyen, iraient chercher ailleurs et trouveraient leurs plaisirs favoris à l'Hippodrome, au Cirque, aux Arènes.

Quand on est lancé dans les machines, il faut aller de plus fort en plus fort, c'est la devise du Boulevard; et cette devise brille déjà sur votre écu visant à la roture. Après ce vaisseau chéri de vos dilettantes, que donnerez-vous à ces mêmes épiciers? — Belle question! deux vaisseaux. — A merveille! le mot serait joli s'il vous appartenait. — Faux comme une flûte. — Je connais quelque chose de plus faux, dit Mozart. — Et quoi donc, s'il vous plaît ? — Deux flûtes. »

Avec l'appareil constant des machines, décors et costumes, toute musique est impossible. La dépense en écus est une bagatelle, je le sais : des millions exilés dans la caisse du théâtre sont impatients de s'en échapper; mais il est une autre fourniture qui n'arrive point avec une telle prestesse, le temps. Songez à la dépense du temps. Une armée de charpentiers, de for-

---

(1) Une voix, belle mais inculte, veut bien accepter 411 fr. par jour, 17 fr. par heure; et des violonistes admirables, Paganini de l'orchestre, couronnés au Conservatoire, grâce à l'augmentation notable qui vient de leur être accordée, touchent 11 centimes par heure, pour accompagner cette voix.

(2) Voyez les *Mémoires de Bachaumont*, tome XXXI, page 282.

gerons, de peintres, de menuisiers, de doreurs, de couturiers, de fourbisseurs, d'artificiers, de fleuristes, etc., travaillera pendant huit mois à la mécanique ingénieuse, qu'il vous plaît de nommer *opéra*. Cette mécanique sera renouvelée cinquante fois en un demi-siècle, et les probabilités les plus favorables vous donneront à peine quatre opéras réels, dignes de ce nom pendant cette immense période. La belle poussée! quel honneur pour nos..... machinistes !

Affranchis d'un luxe nuisible, honteux pour la nation, toutes les difficultés aplanies, vous ferez litière d'opéras anciens et modernes, de ballets. Vous partagerez avec l'Allemagne l'honneur de redire les chefs-d'œuvre de Weber, de Mozart, de Gluck surtout! de Gluck, votre réformateur vénéré. Vous posséderez enfin un répertoire, et nos regards comme notre oreille ne seront plus affligés par la sempiternelle répétition des mêmes ouvrages, estimables sans doute, mais devenus cauchemars. Sans pitié pour les provinciaux que les ferrins voiturent par milliers, vous chantez avec le farouche Thoas : *Ils nous amènent des victimes!* que vous immolez à l'instant. Notez que ces malheureux, à qui vous montrez une curiosité décrépite, ont dans le ventre cent cinquante *Robert*, *Juive*, *Favorite*, et *le Prophète* les a déjà blessés à mort. Voisin de l'Opéra, colysée où les chrétiens sont mis à la torture, je vois sortir les suppliciés qui s'en échappent. Je les regarde et suis toujours étonné qu'il ne leur pousse pas des cornes à la tête. Ne sont-ils pas abrutis au point de mériter cet ornement ?

Ce que j'ai dit, on l'a fait ; ce que je dis aujourd'hui, vous le ferez demain ; tel est mon refrain, consigné dans le *Journal des Débats*, Chronique musicale du 16 novembre 1825. Depuis trente-six ans, je demande une réforme qui, devenue chaque jour plus nécessaire, est maintenant indispensable. Je la demande au nom de nos musiciens, de nos chanteurs, dont l'habileté ne saurait être plus longtemps paralysée, au nom du peuple français qui voudrait enfin comprendre ce qu'on dit à son opéra; je la sollicite en invoquant l'honneur national et la mémoire de Napoléon Ier. Cette réforme doit se faire, parce qu'elle devrait être faite. Si vous la différez de vingt ans, de trente ans, c'est qu'il vous plaira d'être moqués, turlupinés, bafoués encore par l'univers entier pendant un nombre de lustres. *Il faut que la loi s'accomplisse*, nous dit un chœur de *Gulistan*. Souvenez-vous bien que n'importe l'époque où cette loi s'accomplira, ce sera toujours au nom de Napoléon-le-Grand, c'est lui qui l'a dictée, il en a gardé le brevet d'invention.

Je donne mes raisons, suis-je assez clair pour être compris? Suis-je assez coupable pour être pendu? Ce serait un dénouement fort original, il me plairait assez. Un Villepatour me dirait: — Morbleu, mon gentilhomme, vous n'êtes pas dégouté! »

Belzébuth, opéra en quatre actes, accepté pour le drame, refusé parce que je devais en faire la musique. On ne voulait pas, disait-on, de la musique d'un parolier, et cependant on savait très-bien que j'étais musicien par gout, par mes études, et parolier par occasion, par nécessité. Le drame d'un musicien pouvait inspirer une juste défiance; s'il était admis, la musique devait l'être aussi. — Qu'aviez-vous fait pour mériter d'être chanté sur un théâtre où tant de saletés servent d'introduction et de cortège à quelques rares diamants? » Ce que j'avais fait? rien ou peu de chose. Mais ce rien était un obélisque, une montagne. J'avais été frappé de ridicule, d'anathème par vos illustres de l'Odéon, tout le fameux orchestre commandé par ses deux chefs Crémont, Bloc, et c'était Weber, c'était Beethoven qui recevaient l'affront. Nos illustres virtuoses m'attribuaient la marche d'*Euriante*, la *Symphonie pastorale!* et j'étais sifflé, fouetté pour de telles sottises! On avait applaudi Weber à tout briser, des bravos sans fin, des bis demandés, et ce Weber fêté si bruyamment à l'Odéon, au Conservatoire, c'était moi, oui, toujours moi! Telle était la musique du parolier qu'on méprisait à la journée.

— A ce même Conservatoire, en 1842, à l'une de ses répétitions, l'orchestre exécute l'ouverture et l'entr'actes de *Belzébuth* que je venais de faire représenter sur le théâtre de Montpellier. L'ouverture fut dite à merveille et discrètement applaudie; mais l'entr'actes obtint un succès d'enthousiasme, de fureur, de fanatisme, tous les symphonistes quittèrent leurs places, descendirent de l'amphithéâtre pour venir me complimenter. — Quelle mouche les pique? me disais-je, en voyant ces transports. — C'est charmant, délicieux, s'écriaient-ils; c'est de la science ornée de tous les agréments de la mélodie, un canon plein d'intérêt, des variations d'un effet incisif et puissant, qu'un solo de tambour à baguettes vient couronner et ragaillardir à la fin, quel morceau pittoresque, original au suprême degré ! quel épisode charmant pour nos concerts! quelle bonne fortune! il faut sur-le-champ redire cet entr'actes, *e con gusto*. — Où L'AVEZ-VOUS PRIS? »

» M. Battu me serrait la main lorsque cette question me fut adressée par nos voisins, et je fus assez imprudent pour murmurer à son oreille un aveu formidable. M. Battu garda mon secret; mais on devina la confidence que je venais de lui faire. Changement total et subit de scène et de décoration : le calme, le silence le plus complet succède à la tempête des applaudissements. Son violon sous le bras gauche, François Habeneck fait demi-tour à gauche, vers le corridor, tous ses braves le suivent, musique finie; et depuis lors on ne m'a plus dit un seul mot du bienheureux entr'actes.

» Sachant que je puisais, butinais aux meilleures sources en fabriquant des pastiches disposés pour la scène, on avait trouvé ce canonique badinage tellement au-dessus de ma bêtise présumée, qu'on l'avait attribué d'une voix unanime à quelque grand maître, à Hændel, à S. Bach, que sais-je? et voilà pourquoi cette bagatelle avait été si bruyamment accueillie et magnifiée. *Où l'avez-vous pris?* est sublime, ravissant, impayable; c'est une perle, un diamant; aussi l'ai-je curieusement placé dans mon écrin. »

Les journaux du temps avaient conté cette aventure; si je l'imprime une troisième fois, c'est qu'elle est assez originale pour mériter cet honneur. Il est des choses qu'on ne saurait trop dire,

Pour l'effroi de la terre et l'exemple des rois.

Demandez à vos aligneurs de notes, fabricants privilégiés, s'ils ont jamais reçu des bordées de sifflets pour avoir fait du Weber, du Beethoven; si l'on a jamais applaudi leurs compositions parce qu'on les attribuait à Weber, à Sébastien Bach; si le Conservatoire de Paris, l'Allemagne et la Russie ont adopté les fragments notables de leur façon qu'ils ont ajoutés à Weber?

Voilà pourtant comme je suis choyé, caressé, dans un pays où les carottes de Flandre, les ânes de Beni-Moussa, les magots de la Chine, ont droit de présence à l'Exposition universelle, au Palais de Cristal! En voulez-vous des carottes? Je suis prêt à vous fournir des choux de Mormoiron, ils ont le gout de l'ananas! Vous faut-il des ânes? Je vous livrerai des chapons, sopranistes élevés dans ma ferme planturcuse de Figaro, qu'une vieille habitude fait encore nommer *les Cabanes*, département du Gard, dans une île du Rhône. Et des melons! des melons de Cavaillon, mes frères de lait! Je puis en couvrir le Carrousel, les quais, les boulevards, non pas terre à terre, mais rangés en pyramides comme les bombes, les boulets empilés dans nos arsenaux. Êtes-vous curieux de statues de bronze, de coupes d'agathe, de médailles d'or et d'argent, d'antiquités du moyen âge? achetez mon hotel de Cluny, situé vis-à-vis du palais des Papes. Hotel que Pierre de Lune batit à-n-Avignon; vous y trouverez un puits monumental, creusé dans le roc, abîme dans lequel ce Pierre l'Opiniâtre versa tous ses trésors quand on le força d'abandonner le siège pontifical pour se sauver à Peniscola. Et ces trésors, je ne les ai point enlevés, tant je respecte l'antiquité!

Parolier-musicien réprouvé, mis au ban de l'empire, il me serait possible de conquérir avec d'autres armes cette place au feu et à la chandelle qui m'est refusée. Mais je n'aspire qu'à la palme de la musique; et vous me la donnez superbe, triomphante; vous m'élevez sur le pavois, tout en croyant m'anéantir. Vos persécutions, l'interdit jeté sur mes œuvres de musicien, les ont casées si haut dans l'estime publique, m'ont fait une position si brillante, que vous serez forcés de les montrer à la France, à l'univers, afin de m'arracher un masque trop flatteur. Vos cabales m'ont empêché de produire des opéras complets sur les théâtres de Paris, vous avez arrêté mes vers lyriques, il fallait aussi mettre un embargo sur ma prose. Pouviez-vous m'accorder un droit plus beau que celui de vous dire, avec l'aplomb ferme, accablant de la vérité, toutes les douceurs qui font le succès de mes livres? Un parolier-musicien, chouette livrant bataille aux musiciens, aux paroliers, et ces deux nations belliqueuses, loquaces, courbant la tête, *fasèn cabò*, gardant le silence, tant l'amour des piécettes inspire de résignation! n'est-ce pas un spectacle digne de piquer la curiosité? L'hymne que je crayonne en prose ne chante-t-il pas plus haut et plus loin que ma musique ne sonnerait à grand orchestre? A tout ce que j'ai dit, qu'avez-vous, que m'avez-vous répondu? Rien, *rèn*, *niente*, *nada*, *nihil de nihilo*. *Che tristo silenzio! parlare conviene, parlare si dè.* Et pourtant vous fabriquez des feuilletons, et faites vous-mêmes votre éloge! Mais où va cet éloge d'une heure, d'un jour au plus? Vous le savez; le vent n'en emporte pas la millième partie. Mes livres restent; ils vous diront que

Le Louvre sera bâti, complété par une main active et puissante; les sentiers de Paris seront élargis et forcés de marcher droit; nous renverserons les murs d'acier de Sébastopol, et le charabia de l'Opéra, monument de sottise académique, restera debout pour offrir une agréable satisfaction aux étrangers qui s'en amusent. Et notre langue française, avilie par ses conservateurs, devra garder la position infime que l'Institut de France! n'a pas rougi de lui départir (1). Et toutes les idées généreuses de nos gouvernants viendront se briser contre un roc, ennemi redoutable et caché sous l'eau; contre un pouvoir occulte, pouvoir qui ne fait rien et nuit à qui veut faire; contre l'amour-propre blessé, ver qui ne meurt qu'avec le cœur qu'il ronge.

Qu'une société savante propose la réforme dont il s'agit, on l'adoptera sur-le-champ. Qu'un parolier nous amène des musiciens de pacotille arrivant d'Italie, d'Espagne ou d'Angleterre, qu'il opprime, offense nos musiciens en favorisant l'importation de misérables pots-pourris qu'ils désavoueraient; le parolier, ayant droit aux piécettes, partageant l'aubaine qu'il procure aux intrus, obtient grâce auprès de nos compositeurs : n'est-il pas

---

(1) *Rapport présenté au nom de la section de musique, et adopté par la classe des Beaux-Arts de l'Institut impérial de France dans ses séances du 18 avril et des 2 et 9 mai 1812, sur un ouvrage,* etc. Signé les commissaires : Gossec, Grétry, Méhul, A. Choron, rapporteur. Paris, Didot, 1812, in-4 de 9 1/2 feuilles, page 7.

Faut-il s'étonner que Somis, violoniste célèbre, admirant Mlle Le Maure, ait dit : — Sa voix est infiniment trop belle pour chanter du français? »

fabricant et distributeur de livrets? Qu'une huître détachée du banc de l'Institut écrive un livret, une partition ; que vingt auteurs élaborent un opéra, tous nos théâtres seront prêts à mettre en scène le chef-d'œuvre. Mais qu'un parolier-musicien compose un entier dont chacun d'eux ne peut faire que la moitié, voilà ce qui blesse, navre, frappe au cœur la troupe irritable des paroliers et des musiciens. Voilà ce qu'elle empêche, même au prix de l'honneur national !

Vous affirmez que je suis un rimeur pitoyable, un musicien de guinguette, d'accord ; bien que vous ne le pensiez pas. Allez plus loin, et dites que je suis une mécanique. Eh bien ! c'est à ce titre que je me roulerai jusqu'à l'exposition, et là je vous attendrai prêt à répondre à tout venant. Soyez vingt, cent, trois cent mille contre cette mécanique, arrivez ! Plus vous serez nombreux, plus elle sera forte. Les mécaniques sont aujourd'hui traitées avec une louable aménité. Voudrait-on briser la mienne parce qu'elle se borne à mouler des vers lyriques? Faites-lui grâce au moins en faveur de la nouveauté de ses produits. C'est une denrée inconnue en France, et je ne demande pas de brevet, la concurrence vous est permise.

Condamné par une cour royale, 1837, je change de juridiction, et porte à l'Opéra-Comique trois actes bouffes, *Choriste et Liquoriste;* les avait-on lus? J'en doute ; ils n'en furent pas moins refusés.

Rien de ce genre ne m'étonne ; c'est un parti pris. Cependant, comme j'ai d'assez grands loisirs, que je suis de séjour, que rien ne m'engage à courir après les piécettes ; comme l'Académie impériale de Musique refuserait d'emblée, et sans y regarder tout ce que je lui présenterais, il m'est venu l'idée parfaitement neuve d'écrire un opéra complet pour l'Académie française. Croyez que l'hommage sera digne de cette compagnie savante. C'est un acte bouffe de Molière, dans lequel je fais arriver huit morceaux de musique choisis parmi tout ce que la verve joyeuse, brillante et folle des Italiens a lancé de plus agile, de plus galopant. C'est une morale en action, un argument cornu, dirigés contre ceux qui paraissent douter de la flexibilité sonore, de l'étonnante légèreté, de la quantité même de notre langue française. Croyez qu'elle est prompte à figurer des iambes, dactyles, trokées, anapestes, spondées; qu'elle possède même le *si sequatur*, le *sdrucciolo*, comme le grec, le latin, le provençal et l'italien. Cet opéra ne pouvait être qu'un pastiche. Ne fallait-il pas assembler, réunir toutes les difficultés, montrer la copie à coté de l'original, et faire rouler, voler ce français lyrique sur le rail même de l'italien ?

Le fameux duo :

> *Lena cara, Lena bella,*
> *Non mi fà codesto torto,*
> *Questo torto, questo torto;*
> *Che se mai tu mi vuoi morto,*
> *Or m'uccido innanzi a te.*

Ce duo, type monumental, chef-d'œuvre du genre, y figure sous le n° 3, et j'affirme solennellement ici, j'affirme devant Rossini, Lablache et le reste de l'univers, que ma parodie française est beaucoup plus sonore et plus facile à chanter que l'original italien. En voici le début :

> Me quit | ter se | rait fo | lie,
> J'ai la | mine | si jo | lie,
> Regar | dez, je | vous dé | fie
> D'en ai | mer un | plus ga | lant.

J'ai dû changer le titre de la pièce: *Sganarelle* ne pouvant être chanté vivement dans aucune langue. Mon protagoniste s'appelle *Bernabo*, anapeste bien sonnant qui m'était nécessaire. Paisiello, Cimarosa, Guglielmi, ces maîtres du genre bouffe, note et parole, Farinelli, qui les suit de près, m'ont fourni les éléments de ce bouquet, dont la première fleur est un air passionné de Salieri (1).

---

(1) Ce bouquet musical, ce *Bernabo*, trésor des chanteurs français, renferme plus d'airs, de duos, de trios, d'une exécution brillante et facile, qu'on n'en trouverait dans quinze charretées d'opéras comiques, pauvretés que l'on fait applaudir aujourd'hui, et qu'on grave par charité.

Bernabo, partition, grand format, prix net : 7 fr. 50, rue Buffault, 9, chez

Avec cet acte, mis sur table ou sur le pupitre d'un clavecin, on réduit au néant toutes les chicanes, les vieilles erreurs, tous les préjugés que la sottise dirige contre le français depuis des siècles. La grande scène VIIIe, le monologue célèbre de Sganarelle, défile sur un air charmant de Guglielmi: *Bernabò, fatti capace*, qui vient en exprimer les sentiments contrastés, en figurer les images, bien qu'il ait été composé sur un texte littéraire fort opposé. Dans cet acte, le mécanisme des vers lyriques se montre sous deux aspects différents. D'abord, l'œuvre du parodiste calquée sur la poésie italienne; ensuite l'admirable prose rimée de Molière devenant des vers au moyen de légères, d'imperceptibles rectifications.

Comparez les couplets suivants au texte original, et chantez. Il me fallait un prélude pour amener les couplets de Molière, et j'ai dû me fabriquer le premier quatrain.

    Ah ! la sur | prise et la | scène est char | mante,
    Il était | là, je l'ai | vu de mes | yeux ;
    J'ai, pour cal | mer cette | flamme nais | sante,
    D'un tendre | cœur le dé | pit furi | eux.

(1) Impu | dent séduc | teur, trahi | son mani | feste !
    Le ha | sard me dé | voile un mys | tère fu | neste.
    Fallait- | il s'éton | ner de l'é | trange froi | deur
    Dont je | vois qu'il ré | pond aux é | lans de mon | cœur ?
    Il ré | serve, l'in | grat, ses ca | resses à | d'autres,
    Et nour | rit leurs plai | sirs par le | jeûne des | nôtres.
    Voilà | bien des ma | ris le ma | nège com | mun,
    Ce qui | leur est per | mis leur de | vient impor | tun.

    Ah ! la sur | prise et la | scène est char | mante, etc.

Castil-Blaze, qui voudrait pouvoir la donner pour rien. Grand format ! les partitions in-8, ces miniatures, n'ayant de vraie utilité que pour le musicien chantant au lit ou dans le bain.

(1) Le rhythme est conservé quoique pris à rebours, la substitution de l'anapeste au dactyle donne l'accroissement de vivacité, d'énergie, que réclamait la seconde partie de cet air, parodié sur une chanson provençale. *La Liouna dóu Ventour* figure dans les *Chants populaires de la Provence* que j'ai publiés avec accompagnement de clavecin.

Leur dé | but est su | perbe, et ce | sont des mer | veilles,
Ils té | moignent pour | nous des ar | deurs non pa | reilles!
Les per | fides bien | tôt, se las | sant de nos | feux,
Vont cher | cher autre | part ce qu'ils | doivent chez | eux.
Ah! pour | moi quel dé | pit que la | loi n'auto | rise,
De chan | ger de ma | ri comme on | fait de che | mise!
Ce se | rait fort com | mode, et j'en | sais telle i | ci
Qui, sui | vant mon de | sir, le vou | drait bien aus | si.

Ah! la sur | prise et la | scène est char | mante, etc.

Faites la même opération sur la prose rimée de Racine, et vous musiquerez, vous chanterez à ravir les airs, les duos, les chœurs sublimes d'*Esther* et d'*Athalie*. Perspecteurs adroits, sachez les mettre au point.

La position d'un des personnages de Molière amenait galamment une phrase de Grétry, je m'en suis emparé. Le premier vers en était excellent, vers type, il y en a toujours un dans les airs français. En conservant ce patron, j'ai modelé trois compagnons dignes de le suivre, d'emboîter son pas. Vous le voyez, je trouve des perles dans le fumier de nos paroliers, et les ingrats!... les ingrats se fâchent tout rouge, comme si je graissais leurs bottes.

A | près un | long voy | age,
Puis | sé-je, à | mon re | tour,
Trou | ver joy | eux et | sage
L'ob | jet de | mon a | mour!

A ces iambes faisons succéder un couplet d'anapestes de *Belzébuth*.

Sainte | Vierge, ô ma | digne pa | tronne!
A toi | seule je | dois recou | rir;
Si ton | aide en ce | jour m'aban | donne,
C'en est | fait, je n'ai | plus qu'à mou | rir.

Voici deux spondées amenant deux anapestes. Les rimes féminines étant absorbées par les voyelles placées en tête des vers qui les suivent, j'établis une chaîne continue au moyen du *si sequatur*. Rhythme véhément pour la strette d'un quatuor.

Un | noir ve | nin de mon | ame s'em | pa(re :
O | trouble af | freux! je me | perds, je m'é | ga(re.
Il | faut mou | rir de la | main d'un bar | ba(re.
Hé | las! se | rais-je au der | nier de mes | jours?

Le couplet suivant, de *Belzébuth*, présente une combinaison de rhythmes différents : quatre vers en dactyles, quatre vers en taratantara, trois à glissade, *sdruccioli*, et deux féminins pour la cadence finale, où doit éclater la grosse note, coup de gueule favori des buveurs.

Quand d'un seul | trait j'ai vi | dé mon grand | verre,
S'il faut chan | ter j'aime | cet instru | ment ;
Comme à l'o | reille à mon | cœur il sait | plaire,
Et l'œil se | mire en ce | pur dia | mant.

CHŒUR.

Cet harmoni | ca | joyeux et bril | lant
Frappe la me | sure, | et toujours son | nant,
Vient donner aux | voix | un accord char | mant,
C'est bien le meil | leur | accompagne | ment.

Guiterne et | vi. . . . . olon,
Hautbois, flû | te et. . . . . . . basson,
N'ont pas ce | jo. . . . . . . li son,
Et je pré | fère
Mon | verre.

Cela marche-t-il, sonne-t-il, brille-t-il? et pourtant c'est du français, de ce même français que tous vos lyriques ont fait boiter et ramper, que l'Institut a frappé d'anathème. Chantez mes vers, galopez, roulez, dites-les avec toute la vivacité possible, vous serez toujours compris, l'accent frappé sur les temps forts vous montrera chaque mot éclairé d'une vive lumière. Point de sens louche, d'équivoque, de retard, de cuirs, de pataqués; plus de bredouillement possible. Inventeur, correcteur, redresseur, je viens de traiter le thème de toutes les façons. Croyez-vous encore que la rimaille de nos paroliers, que leurs prétendus vers soient des vers? croyez-vous qu'un opéra français, écrit dans le gout des échantillons mis sous votre oreille, ne ferait pas honneur à la nation qui veut être civilisée sur tous les points?

Chez un peuple que son intelligence a toujours mis au premier rang, pour qu'une chose soit, il faut qu'elle ait raison d'être.

Vous ne ferez croire à personne que la musique, arrivée au point où nous la voyons, puisse exister chez nous (seuls dans le monde!) sans rhythme ni mesure, à l'état de plain-chant égrillard. Vous n'exigerez pas qu'une langue parlée avec clarté, précision, énergie, élégance, dans la chaire évangélique, dans nos cours et parlements, dans les salons, dans les galeries de nos musées, de nos théâtres lyriques, soit impunément dégradée, massacrée, avilie, réduite à l'état de bouillie, de pudding, de gélatine, d'argot, de charabia, sur ces mêmes théâtres, et par des chanteurs excellents, que l'ignorance des paroliers a forcés de se montrer ridicules. Vous nous direz en vain qu'il faut absolument que cette langue estropiée, véritable Catilina de nos oreilles, devienne boiteuse, inintelligible, quand elle devrait unir son charme aux séductions de la mélodie, et compléter le sens du discours musical. Non, ce reste de barbarie, cette imbécillité de sauvage n'a plus raison d'être chez des Français. Donnez-leur ce qu'ils attendent, ce qu'ils desirent avec une ardeur jusqu'à présent discrète; si vous tardez encore, ils le réclameront en chœur, ils chanteront dans les théâtres les cavatines qu'un chef normand, Rollon entonnait sur les hauteurs de Montmartre.

En donnant ici *la Lionne du Ventour*, type métrique des couplets de *Bernabo*, je dois faire précéder cette élégie par *l'Ame damnée*, dont elle est la suite, la réponse. Quand j'aurai mis au jour le petit volume où figurent ces deux pièces, livre écrit dans ma langue maternelle, je pourrai me dire *poète* et même *troubadour*, puisque j'en ai fait les vers et le chant, les mots et les notes, comme disait Richard-Cœur-de-Lion.

L'AMA DANADA.

FRANCÈ.

T'ame, t'ame, t'ame, Nourada,
Que siès bella sous toun cadis!
Ah! se sièu toun ama danada,
Siès moun ange dòu paradis.

Creiras pas ce que vourrièu faire
Per te prouvar moun affessioun,
M'ames fossa, ai sachù te plaire,
Mai per moun couar trop n'ei pas proun.

Dins l'iver, à la bella estela,
Sensa vesta, la niù, lou jour,
Foût-y pregar vers la capela
Qu'eis à la cima dòu Ventour?

Soun mjalet ei mouar! et toun paire
Per n'achatar n'a plus d'argèn,
Attala-me vite à l'araire,
Et pica for se vòu pas bèn.

Dins li cham et dins ma baraca,
Per te servir sièu toujou en l'air,
Pres à virar la pousaraca
Per menar l'aiga à toun juver.

T'ame, t'ame, t'ame, Nourada, etc.

Ou lio bouan vin, de fricassa,
Foût-y qu'en junèn couma un sant,
Mange de pan et de fougassa,
Et m'abèure dins un roudan.

Diga *grega*, rosse un gendarma,
Per me faire garçà' en presoun,
M'espeye sèns toumbar de larma,
Voù jusqu'à Rouma de plugoun.

Se lou vos, pioucela divina,
Dins la mar foûs de cahassù,
Per te touscar de perla fina
Pas tant bella que ti bèu-z-iù.

Se lou vos, divina pioucela,
Dòu Ventour me lance dins l'air,
La luna me fait couroucela,
Derrabe d'estela-z-òu cier.

T'ame, t'ame, t'ame, Nourada, etc.

Gin de lagna, gin d'escòufestre,
Me faran redoutar moun sort;
Fayèu miè-jour, tant sièu moun mestre,
Sus la bierra, à coustà d'un mort.

De la vapour deves entendre
Lou gran carrossa que brusl;
Sous li vagoun courre m'estendre,
S'acò te pòut faire plesl.

Ti gauta frescassa, Nourada,
Sus ta cara toujoù yè sount;
Cresièu de li-z-aguer mangeada
En li rousiguèn de poutoun.

Bada agues l'abi dei dimenche,
Sus moun couar vole te sarrar;
Laissa-me te garar lou pienche,
Et dins bèu pèu m'amourrar.

T'ame, t'ame, t'ame, Nourada,
Que sièa bella sous toun cadis!
Ah! se sièu toun ama danada,
Sièa moun ange dòu paradis.

LA LIOUNA DOU VENTOUR.

NOURADA.

Me dises plus *t'ame, t'ame, Nourada*,
Se venc eici te n'en vas tatecan;
Ah! se cresièu que m'aguesses leissada!
Ouriès treissà toun darniè trò de pan.

Ah! bessai sies jalous dòu pichò bouticari,
Ama à rire, ei galoi, mai soun pèu se fait blan.
Toujoù barre li-z-iù quand me vei lou noutari,
Mon cousin lou sapur m'a beisà que la man.

Enterin sous moun pitre un coudoun se mitouna,
Et se creba à la fin, vourriè mièu sus ta pèu
Li crò ben amoulà d'una maigra liouna,
Tout un nis de coulobre estrassèn ti boutèu.

 Me dises plus, etc.

Nanoun sembla un grevèu, Margarida ei panarda,
Lisà borni d'un iù, besti couma un esclò,
Laïda a toumbà un ferre, et, se Fina ei gayarda,
Sa courdela de car bia trenta kilò.
D'un amar creba couar jour et niù secutada,
Me vesez chôureyar, m'aplantar, espinchar;
Ma rivala ei pertout et p'ancà l'ai troubada!
Sant Antoni de Pada, ah! venez m'ajudar!

 Me dises plus, etc.

Aquèu fiò me brusi, fait que seque sus planta,
Me tiarà, se cresiès te goudir à ma mort,
La veiriès sens plourar, se Nourada t'aganta,
Quauque soir sus ti-z-iù gisclarà l'aiga-fort.
Fais cin soû, toca aqui, veses sièu bouana pasta,
Yogo de t'agarrir te vourrièu perdounar.
Pode amà res que tu (n'en ai dous à la tasta),
N'en troubarai ben un que soûrà me vengear,
N'ôurai dous, n'ôurai très que sôurant me vengear.

 Me dises plus *t'ame, t'ame, Nourada*,
 Se vene eici te n'en vas tatecan.
 Ah! se cresièu que m'aguesses leissada!
 Ouriez treissà toun darniè trò de pan.

Paris.—Typographie Morris et comp., rue Amelot, 64.

COMPOSITIONS
MATHÉMATIQUES,

OU

PROBLÈMES GÉOMÉTRIQUES

ET

TRIGONOMÉTRIQUES,

RÉSOLUS PAR L'ALGÈBRE ET LA GÉOMÉTRIE,

A L'USAGE DES ASPIRANTS

Au Baccalauréat ès-sciences, à l'École militaire de Saint-Cyr, à l'École navale, à l'École forestière et à l'École centrale des arts et manufactures,

Par M. ESCOUBÈS,

Auteur de plusieurs ouvrages classiques et ancien préparateur aux Écoles
du Gouvernement.

PARIS,

Chez
- HACHETTE, libraire, rue Pierre-Sarrazin, 12.
- BACHELIER, libraire, quai des Augustins, 55.
- DELALAIN, libraire, rue des Mathurins-St-Jacques, 5 et 7.
- RORET, libraire, rue Hautefeuille, 12, au coin de celle Serpente.

—

1854.

Les exemplaires voulus par la loi ont été déposés à la Direction de l'Imprimerie. Les exemplaires non revêtus de la signature de l'Auteur et de l'Imprimeur seront réputés contrefaits, et les contrefacteurs ou débitants de contrefaçons seront poursuivis selon la rigueur des lois.

En publiant ce petit ouvrage, mon but a été d'aplanir les obstacles qui s'opposent trop souvent aux progrès des Élèves dans l'étude des Mathématiques, surtout de la Géométrie, et de leur inspirer particulièrement du goût pour cette dernière science.

J'ai donc dû réunir tous mes efforts pour présenter sous une forme claire, simple et méthodique, la double solution de ces Problèmes Géométriques, dont la plupart ont déjà été proposés aux examens pour les Écoles du Gouvernement.

COMPOSITIONS MATHÉMATIQUES

OU

PROBLÈMES GÉOMÉTRIQUES

ET TRIGONOMÉTRIQUES,

RÉSOLUS PAR L'ALGÈBRE ET LA GÉOMÉTRIE.

PROBLÈME I.

Connaissant dans un triangle rectangle ABC, un côté CB, et la différence entre l'autre côté AB, et l'hypothénuse AC; connaître les autres côtés. (*Fig. 1re.*)

SOLUTION ALGÉBRIQUE.

Soit CB$=a$, AB$=x$, et l'hypothénuse AC$=x+b$, (supposant b la différence donnée) $\overline{AC}^2=\overline{AB}^2+\overline{BC}^2$, c'est-à-dire, $x^2+2xb+b^2=x^2+a^2$: donc $2bx=a^2-b^2$, par conséquent $x=\dfrac{a^2-b^2}{2b}=\dfrac{a^2}{2b}-\dfrac{b}{2}$; donc AC$=x+b=\dfrac{a^2}{2b}+\dfrac{b}{2}$.

SOLUTION GÉOMÉTRIQUE.

Si sur AB prolongée on prend BD égale à la différence donnée, et qu'on mène DC, il est évident que AD sera égale à AC, et l'angle ACD, égal à l'angle D.

Donc, ayant pris BD, comme il a été dit ci-dessus, élevé BC perpendiculaire et joint les points C et D. si on mène CA qui fasse avec CD un angle ACD égal à l'angle D; ou que du milieu de DC on élève la perpendiculaire EA, alors l'intersection de l'une ou l'autre de ces lignes avec DB prolongée détermine le triangle.

De cette construction on peut tirer un théorème pour la

solution numérique, semblable à celui qu'on a tiré par l'algèbre : car les triangles ADE et CDB ayant chacun un angle droit et l'angle D commun sont semblables : Donc DB : DC

$$:: DE \left(\tfrac{1}{2}DC\right) : AD. \ (AC) = \frac{\overline{DC}^2}{2D} \frac{}{B} = \frac{\overline{BC}^2 + \overline{BD}^2}{2BD} = \frac{\overline{BC}^2}{2BD} + \frac{BD}{2}$$

comme ci-dessus.

PROBLÈME II.

L'hypothénuse AC et la différence des côtés AB, BC d'un triangle rectangle ABC étant données, déterminer ces côtés. (*Fig.* 2.)

SOLUTION ALGÉBRIQUE.

Prenant AC$=a$, AB$=x$ et BC$=x-b$, on a $x^2 + \overline{x-b}^2$ $=a^2$, c'est-à-dire $2x^2 - 2bx + b^2 = a^2$; ainsi $x^2 - bx =$ $\dfrac{a^2}{2} - \dfrac{b^2}{2}$, et par conséquent $x = \sqrt{\tfrac{1}{2}a^2 - \tfrac{1}{4}b^2} + \tfrac{1}{2}b$.

SOLUTION GÉOMÉTRIQUE.

Si sur AB on prend AD égale à la différence donnée, et qu'on mène DC ; alors DB sera égale à BC, et l'angle BDC à BCD, c'est-à-dire qu'il sera de 45 degrés.

Prenant donc AD égal à la différence et menant une ligne DE qui fasse un angle BDE de 45 degrés, du point A pris pour centre avec un rayon AC, je décris un arc qui coupera DE en C, de ce point j'abaisse sur AD prolongée une perpendiculaire, alors ABC est le triangle demandé.

La solution numérique, suivant cette construction, est très-facile par la trigonométrie, car deux côtés et un angle d'un triangle ADC étant donnés, les deux autres se pourront connaître, et alors tous les angles et un côté AC du triangle en question étant connus, les autres côtés AB et BC pourront être déterminés.

PROBLÈME III.

La base AB et la perpendiculaire CD d'un triangle ACB étant données, trouvé le côté du carré inscrit. (*Fig.* 3.)

SOLUTION ALGÉBRIQUE.

Soit CD$=a$, AB$=b$ et DI$=$EF$=x$, alors CI$=a-x$ à cause

— 3 —

des triangles semblables ABC, ECF, on a $a : b :: a-x : x$,

donc $ax = ab - bx$, et par conséquent $x = \dfrac{ab}{a+b}$.

SOLUTION GÉOMÉTRIQUE.

La raison de EH à EA est donnée comme CD est à CA, EF est donc à EA dans la même raison : et si on mène CL parallèle à EF, et qui rencontre AF prolongée en L, il est évident par les triangles semblables que CL sera toujours à CA dans la raison donnée; donc $CL : CA :: CD : CA$; et par conséquent $CL = CD$, ainsi la construction est manifeste.

PROBLÈME IV.

Déterminer les côtés d'un rectangle EFGH, inscrit dans un triangle ABC, connaissant le rapport de son aire à celle du triangle. (*Fig. 4.*)

SOLUTION ALGÉBRIQUE.

Soit la perpendiculaire $CD = a$, la base $AB = b$, la hauteur EH du rectangle égale à x, et la raison de ABC à EFGH celle de m à n.

Les triangles semblables ABC et EFC donnent $CD(a) : AB$ $(b) :: CI(a-x) : EF = \dfrac{ba-bx}{a}$; donc $EF \times EH = \dfrac{abx-bx^2}{a}$; et par conséquent $m : n :: \dfrac{ab}{2} : \dfrac{abx-bx^2}{a}$ par la question; ainsi

$ax - x^2 = \dfrac{na^2}{2m}$; donc $x = \dfrac{a}{2} + \sqrt{\dfrac{a^2}{4} - \dfrac{na^2}{2m}}$.

SOLUTION GÉOMÉTRIQUE.

Le rectangle HF étant au triangle ABC en raison donnée, et le dernier étant aussi donné, on connaîtra la grandeur du premier. Supposant donc qu'il soit exprimé par un rectangle ABPL sur la base AB, donc la hauteur KD est à la moitié de celle du triangle dans la même raison donnée.

Mais il est évident que le triangle $DI \times EF$ est au rectangle $DI \times IC$ dans la raison donnée de EF à IC, ou de AB à CD, et que $DK \times AB$ est à $DK \times CD$ dans la même raison; donc les antécédens étant égaux, les conséquens le sont aussi, c'est--àdire $DI \times IC = DK \times CD$, d'où on tire cette construc-

tion. Décrivez sur CD et CK, deux demi-cercles, et par le point M ou la circonférence du dernier coupe AB, menez MN parallèle à DC coupant le premier en N; alors MN sera la hauteur du rectangle demandé. Puisque $DI \times CI = \overline{IN}^2 = \overline{DM}^2 = DK \times CD$.

Il est à remarquer que ce problème devient impossible lorsque MN ne rencontre point le plus petit demi-cercle, c'est-à-dire quand le rectangle donné est plus grand que la moitié du triangle. La même chose est aussi évidente par la solution algébrique, car alors $\dfrac{a^2}{4} - \dfrac{na^2}{2m}$ devient négatif.

PROBLÈME V.

Diviser une ligne en deux parties, de façon que leur rectangle soit égal à une grandeur donnée. (*Fig.* 5.)

SOLUTION ALGÉBRIQUE.

Soit la ligne donnée $AB = a$, $AC = x$, et la grandeur donnée représentée par un carré dont le côté est BE ou $DE = b$: alors $\overline{x \times a - x} = b^2$; ou $x^2 - ax = b^2$; ainsi $x = \overset{+}{-}\sqrt{\dfrac{a^2}{4} - b^2} + \dfrac{a}{2}$.

SOLUTION GÉOMÉTRIQUE.

Si sur AB pris pour diamètre, on décrit un demi-cercle, il est évident qu'une perpendiculaire FC abaissée du point où DE coupe la circonférence, coupera la ligne AB au point demandé. Il est aisé de voir que la quantité donnée ne peut être plus grande que le carré de la moitié de la ligne.

PROBLÈME VI.

A une ligne donnée AB, ajouter une autre ligne BC, de façon que le rectangle de la ligne plus l'ajoutée par l'ajoutée, soit égal à une grandeur donnée. (*Fig.* 6.)

SOLUTION ALGÉBRIQUE.

Soit $AB = a$, $BC = x$, et le côté du carré donné BEDH, exprimant la grandeur donnée, égal à b, on aura $\overline{a + x \times x} = b^2$; par conséquent $x = \sqrt{b^2 + \dfrac{a^2}{4}} - \dfrac{1}{2}a$.

— 5 —

SOLUTION GÉOMÉTRIQUE.

Si sur AB on décrit un demi-cercle, et qu'on suppose avoir mené la tangente CF : il est évident que $\overline{CF}^2 = AC \times BC = \overline{BE}^2$ par la supposition; et par conséquent CF=DE : donc OF étant égal à OB, il s'ensuit que OE et OC le sont aussi; ainsi si du milieu de AB on mène EO, et qu'on prenne OC=EO, le problème est résolu.

PROBLÈME VII.

Diviser une ligne donnée AB en deux parties, tellement que le rectangle d'une de ses parties par une ligne donnée BD, soit égal au carré de l'autre. (*Fig.* 7.)

SOLUTION ALGÉBRIQUE.

Si AB=a, BD=b et BC=x : alors AC=$a-x$: et, par la question, $x^2 = \overline{a-x} \times b$; ainsi $x^2 + bx = ab$; et par conséquent $x = \sqrt{ab + \dfrac{b^2}{4}} - \dfrac{b}{2}$.

SOLUTION GÉOMÉTRIQUE.

Puisque $\overline{BC}^2 = AC \times BD$, par la supposition, il s'ensuit, en ajoutant de part et d'autres $BC \times BD$, que $\overline{BC}^2 + BC \times BD = AC \times BD + BC \times BD$; ou que $BC \times CD = BD \times AB = \overline{BE}^2$, ayant pris BE moyen proportionnel entre BD et AB : mais le rectangle de $BC \times CD$ (si on décrit un demi-cercle sur le diamètre BD) est égal au carré de la tangente CG. Ainsi, $\overline{CG}^2 = \overline{BE}^2$, et par conséquent CG=BE; donc FG étant aussi égal à FB, il s'ensuit que FC=FE. Ainsi la méthode pour la construction est évidente.

PROBLÈME VIII.

Trouver deux lignes dont le rectangle, soit égal à un rectangle donné ABFE, et la somme de leurs carrés à un carré aussi donné ABCD. (*Fig.* 8).

SOLUTION ALGÉBRIQUE.

Soit AB=BC=a, BF=AE=b; et soient les deux lignes

demandées x et y, alors par la question $xy=ab$ et $x^2+y^2=a^2$: ainsi en ajoutant et soustrayant de la seconde le double de la première on a
$$\begin{cases} x^2+2xy+y^2 = \overline{x+y}^2 = a^2+2ab \\ x^2-2xy+y^2 = \overline{x+y}^2 = a^2+2ab \end{cases} \text{donc}$$
$$\begin{cases} x+y = \sqrt{a^2-2ab} \\ x-y = \sqrt{a^2-2ab} \end{cases} \begin{matrix} \text{par con-} \\ \text{séquent} \end{matrix} \begin{cases} 2x = \sqrt{a^2+2ab} + \sqrt{a^2-2ab} \\ 2y = \sqrt{a^2+2ab} - \sqrt{a^2-2ab} \end{cases}$$

SOLUTION GÉOMÉTRIQUE.

Si sur AB on décrit un demi-cercle qui coupe EF en H, alors les lignes AH et BH satisferont aux conditions du problème; car l'angle AHB étant droit on a $\overline{AH}^2+\overline{BH}^2$ $=\overline{AB}^2=ABCD$; et $AH \times BH$ (égal deux fois le triangle ABH). $=ABFE$.

PROBLÈME IX.

Trouver deux lignes dont le rectangle donne ABFE, et la différence de leurs carrés à un carré aussi donné AB HD. (*Fig. 9*).

SOLUTION ALGÉBRIQUE.

Soit $AB=a$, $BF=b$, et supposant x la plus grande et y la plus petite des deux lignes demandées. Par la question, on aura $xy=ab$ et $x^2-y^2=a^2$: donc par la première $y=\dfrac{ab}{x}$; qui étant substituée dans l'autre, donne $x^2-\dfrac{a^2b^2}{x^2}=a^2$, ainsi $x^4-a^2x^2=a^2b^2$, et par conséquent $x=\sqrt{\dfrac{a^2}{2}+a\sqrt{b^2+\dfrac{a^2}{4}}}$, dont y est aussi connu.

SOLUTION GÉOMÉTRIQUE.

Il est évident en premier lieu que les deux lignes à trouver seront l'hypothénuse, et un côté d'un triangle rectangle ABG dont l'autre côté est la ligne donnée AB; et puisque le rectangle de ces deux lignes est supposé donné, on peut prendre un autre triangle ACG. Semblable à ABG; de façon que CG dans le premier et BG dans l'autre soient côtés homologues.

— 7 —

Ainsi on a $CG \times AB = BG \times AG = AB \times BF$, et par conséquent $CG = BF$. De sorte que $AC \times BC = \overline{CG}^2$ étant égal à BF^2 dans ce cas-ci, la question est réduite au 6e problème; on aura donc la construction suivante.

Que du m'lieu de AB on mène FO, et qu'après avoir pris $OC = OF$ on décrive un demi-cercle sur AC, qui coupera BF en G; alors les lignes AG et BG sont les lignes demandées.

PROBLÈME X.

Un demi-cercle et son diamètre AB étant donnés, trouver un point D sur la tangente BC élevée à l'extrémité de ce diamètre, d'où ayant mené une ligne DA à l'autre extrémité, la partie ED de cette ligne qui est hors du cercle, soit égale à une ligne donnée BF. (*Fig.* 10).

SOLUTION ALGÉBRIQUE.

Soit $AB = b$, $DE = BF = a$ et $AD = x$; soit aussi menée la ligne BE, l'angle AEB étant droit, les triangles ADB, ABE, sont semblables; donc $AD(x) : AB(b) :: AB(b) : AE(x-a)$; ainsi $x^2 - ax = b^2$, par conséquent $x = \sqrt{b^2 + \dfrac{a^2}{4}} + \dfrac{a}{2}$.

SOLUTION GÉOMÉTRIQUE.

Puisque $DA \times EA = \overline{AB}^2$ et que la partie DE de DA est égale à la ligne donnée BF, ce cas est encore réduit au 6e problème.

De là il est évident que si sur BF on décrit un demi-cercle que par le centre on mène AH. Se terminant sur la circonférence en H, et que du point A pris pour centre avec un rayon AH, on décrive un arc, il coupera BC au point demandé.

PROBLÈME XI.

Connaissant la longueur de deux cordes AB, CD, qui se coupent à angle droit, et la distance OE de leur point d'intersection au centre, connaître le diamètre du cercle. (*Fig.* 11).

— 8 —

SOLUTION ALGÉBRIQUE.

Du centre O du cercle sur les cordes données AB, CD qu'on abaisse les perpendiculaires OF, OG, et qu'on mène les rayons OA et OD : alors faisant $AF = \frac{1}{2}AB = a$, $DG = \frac{1}{2}CD = b$, $OE = c$ et $AO = DO = x$, on aura $\overline{OF}^2 = x^2 - a^2$, et $\overline{OG}^2 = x^2 - b^2$, mais $\overline{OF}^2 + \overline{OG}^2 = \overline{OF}^2 + \overline{EF}^2 = \overline{OE}^2$, c'est-à-dire, $2x^2 - a^2 - b^2 = c^2$, par conséquent $x = \sqrt{\dfrac{a^2 + b^2 + c^2}{2}}$; ainsi le diamètre demandé sera $\sqrt{2a^2 + 2b^2 + 2c^2}$.

SOLUTION GÉOMÉTRIQUE.

$\overline{FE}^2 + \overline{DG}^2$ étant égal à $\overline{OD}^2 = \overline{OA}^2 = \overline{OF}^2 \times \overline{AF}^2$, il est évident que $\overline{FE}^2 - \overline{OF}^2 = \overline{AF}^2 - \overline{DG}^2$. Il faudra donc construire sur l'hypothénuse OE un triangle rectangle dont les carrés des deux côtés, ayant la même différence que celle des carrés donnés $\overline{AF}^2$ et $\overline{DG}^2$. Pour cela on décrira sur OE un demi-cercle ; et des centres O et E, avec des rayons égaux à DG et AF respectivement, on décrira aussi deux arcs qui se couperont au point H, d'où abaissant sur OE la perpendiculaire HI, son point d'intersection avec la demi-circonférence sera le sommet du triangle demandé ; car il est évident que $\overline{FE}^2 - \overline{OE}^2 = \overline{EI}^2 - \overline{IO}^2 = \overline{EH}^2 - \overline{OH}^2 = \overline{AF}^2 - \overline{DG}^2$ (par la construction) : donc si dans le prolongement de EF on prend FA, OA étant mené, sera le rayon demandé.

PROBLÈME XII.

Mener une ligne qui coupe deux cercles concentriques donnés OAB, OCD, de façon que les parties de cette ligne qui deviennent cordes, soient en raison donnée. (*Fig.* 12).

SOLUTION ALGÉBRIQUE.

Soit $OA = a$ le rayon du plus grand cercle et $OC = b$ celui du plus petit ; et $AB : CD :: m : n$, alors nommant x la distance OE de la corde au centre $\overline{AE}^2 = a^2 - x^2$, et $\overline{OC}^2 = b^2 -$

— 9 —

x^2. Mais AE étant égal à $\frac{1}{2}$AB, et CE$=\frac{1}{2}$CD, il s'en suit que $a^2-x^2 : b^2-x^2 :: m^2 : n^2$, et par conséquent $n^2a^2-n^2x^2=m^2b^2-m^2x^2$: ainsi, $x=\sqrt{\dfrac{m^2b^2-n^2a^2}{m^2-n^2}}$, par le moyen de laquelle ou peut connaître AB.

SOLUTION GÉOMÉTRIQUE.

Puisque la raison de AE à CE est donnée, qu'on prolonge OC jusqu'à ce que OF soit à OC dans la raison donnée, alors, joignant les points A et F, les triangles CAF, CEO seront semblables ; et par conséquent l'angle CAF est droit ; d'où on tire la construction suivante. Ayant mené le rayon OC, et sur son prolongement ayant pris OF de façon qu'il soit à OC comme AB:CD, qui est la raison donnée, alors si, on décrit sur CF une demi-circonférence et que du point A où elle coupe le plus grand-cercle, on mène par le point C une ligne droite, ce sera la ligne demandée.

Il est évident par la solution algébrique et par celle-ci, que la raison de m : n ou de AB : CD ne peut être moindre que celle de OA : OC, sinon le problème est impossible.

PROBLÈME XIII.

Inscrire trois cercles égaux dans un autre cercle donné, de façon qu'ils se touchent mutuellement, et la circonférence du cercle donné. (*Fig.* 13).

SOLUTION ALGÉBRIQUE.

Qu'on joigne les centres des trois cercles, qu'on prolonge les lignes AO, BO jusqu'à la rencontre des lignes BC, AC aux points D et E, soit a le rayon du cercle donné et x ceux des cercles cherchés ; présentement les triangles BCE, BOD étant semblables, et CE$=\frac{1}{2}$BC, il est clair que OD est aussi égale à $\frac{1}{2}$OB, mais $\overline{BO}^2-\overline{OD}^2=\overline{BD}^2$, c'est-à-dire $\overline{a-x}^2-\dfrac{\overline{a-x}^2}{4}=x^2$ qui étant réduite donne $x=\sqrt{12a^2}-3a$ $=a\times 2\sqrt{3}-3$.

2

— 10 —

SOLUTION GÉOMÉTRIQUE.

Il est évident que la ligne droite IK qui joint les points d'attouchement I et K est le côté d'un triangle équilatéral inscrit dans le cercle donné : et si dans le prolongement de la ligne OK, on prend $KL = \frac{1}{2}IK$, la ligne menée par I et L sera parallèle à celle menée par B et K, parce que les triangles IKL, BCK ayant les angles IKL, BCK égaux et $IK : KL :: 2 : 1 :: BC : CK$, sont semblables.

Donc pour la construction géométrique il faut premièrement mener les rayons OH, OI et OK qui divisent la circonférence en trois parties égales, et prendre sur le prolongement de OK, $KL = \frac{1}{2}IK$, mener LI et sa parallèle KB qui coupe OI en B ; enfin prendre OA et OC égaux chacun à BO, des centres A, B et C avec une ouverture BO, décrire trois cercles qui satisferont à la question.

PROBLÈME XIV.

Deux arcs AB, ABD dans la raison de 1 à 3, et leurs cordes AB, AD étant données, trouver le rayon du cercle. (*Fig.* 14).

SOLUTION ALGÉBRIQUE.

Soit l'arc BD divisé en deux également en C, et que des points B et C on abaisse les perpendiculaires BE, CF sur la corde AD, et AG sur le rayon OB; soit aussi $AB = a$, $AD = b$ et $AO = OB = x$, il est évident, à cause des lignes AB, BC et CD égales, que $AE = DF = b - a$ et $AE = \dfrac{b-a}{2}$. Il est aussi évident que les triangles ABE et AOG sont semblables, parce que l'angle BAD fait sur l'arc BD est égal à l'angle O au centre fait sur $AB = \frac{1}{2}BD$. Ainsi, on a $AB\ (a) : AE \left(\dfrac{b-a}{2}\right) :: AO\ (x) : OG = \dfrac{\overline{b-a \times x}}{2a}$. Mais $\overline{AB}^2 = \overline{AO}^2 + \overline{BO}^2 - 2OB \times OG$; c'est-à-dire $a^2 = x^2 + x^2 - \dfrac{\overline{b-a} \times x}{a}$ ou $a3 = 3ax^2 - bx^2$. Donc $x = \sqrt{\dfrac{a3}{3a-b}} = a\sqrt{\dfrac{a}{3a-b}}$.

— 11 —

Si le rayon AO (x) et la corde (b) d'un arc ABD sont donnés, on déterminera aisément la corde d'un arc soustriple.

SOLUTION GÉOMÉTRIQUE.

Par la même équation la construction géométrique du problème proposé se trouve aussi, en considérant les valeurs connues de AE, et l'égalité des angles O et EAB; ainsi ayant mené la ligne AB, qu'on prenne DH=AB, et que le reste AH soit coupé en deux parties égales par la perpendiculaire EI; alors on menera AB, sur laquelle prise pour base, on construira un triangle isocèle dont l'angle au sommet soit égal à l'angle, EAB; les côtés AO ou BO seront rayons du cercle.

PROBLÈME XV.

Connaissant deux lignes AE, CD, menées des extrémités de la base d'un triangle rectangle ABC, au point du milieu des autres côtés, connaître le triangle. (*Fig.* 15),

SOLUTION ALGÉBRIQUE.

Je nomme AE, a; CD, b; et BD ou AD, x; alors $\overline{CB}^2 = b^2 - x^2$ et $\overline{BE}^2 = \frac{1}{4}\overline{CB}^2 = \frac{b^2 - x^2}{4}$; donc $a^2 = \overline{AE}^2 = \overline{BE}^2 + \overline{BA}^2 = \frac{b^2 - x^2}{4} + 4x^2$, ainsi $15\,x^2 = 4a^2 - b^2$; et $x = \sqrt{\dfrac{4a^2 - b}{15}}$

SOLUTION GÉOMÉTRIQUE.

Je mène EF parallèle à CD, rencontrant à AB en F, qui n'étant que moitié de CD, sera par conséquent connue ainsi : $\overline{AB}^2 - \overline{BF}^2 = \overline{AE}^2 - \overline{EF}^2$ est aussi connu. Le problème est donc réduit à déterminer les lignes AB et BF dans la raison de 4 à 1, de sorte que la différence de leurs carrés soit égale à la différence des carrés des lignes données AE et BF. Ainsi ayant mené les lignes indéfinies BP et BQ à angle droit, qu'on prenne sur la première BG=EF; et que du point G sur QB on mène GH=AE, on aura $\overline{AB}^2 - \overline{BE}^2 = \overline{AE}^2 - \overline{EF}^2 =$

$\overline{\text{BH}}^2$. Donc, si par quelque point M pris sur PB on mène sur BQ, MN$=$4 MB, il est évident qu'une ligne HF menée par le point H parallèlement à NM, coupera la ligne BF comme on demande. Ce problème devient impossible, lorsque l'une des deux lignes est plus grande que le double de l'autre.

PROBLÈME XVI.

La position et la grandeur d'une ligne DE menée parallèlement à la base d'un triangle rectangle ABC, étant donnée; mener une autre ligne CF de l'angle au sommet du triangle, de façon que la partie FG interceptée entre la base et la ligne donnée soit égale à la partie EG de la ligne donnée, comprise entre un des côtés et la ligne demandée. (*Fig.* 16).

SOLUTION ALGÉBRIQUE.

J'abaisse sur AB la perpendiculaire GH, et je fais ED$=$ a, CD$=b$, DB$=c$ et EG$=x$, alors par les triangles semblables CDG et GFH, on aura CD (b) : DG $(a-x)$: : GH (c) : FH$=\dfrac{c \times a-x}{b}$. Donc $\dfrac{c^2 \times a-x^2}{b^2}+c^2(\overline{\text{HF}}^2+\overline{\text{GH}}^2)=x^2(\overline{\text{GF}}^2)$; ainsi en réduisant $b^2x^2-c^2x^2 \times 2c^2ax=c^2a^2+c^2b^2$; et $x^2+\dfrac{2\,ac^2}{b^2-c^2} \times x = \dfrac{a^2+b^2 \times c^2}{b^2-c^2}$, donc $x=\dfrac{bc\sqrt{a^2+b^2-c^2-ac^2}}{b^2-c^2}$.

SOLUTION GÉOMÉTRIQUE.

Puisque GF est partout à GO dans la raison donnée de DB à DC, GE dans la position requise sera à GC dans la même raison : ainsi si on prend sur ED, EI$=$DB, et que du centre I avec le rayon CD, on décrive un arc coupant EC en K, alors la ligne CGF parallèle au rayon KI déterminera la longueur et la position de GF; d'où il est évident que CG : EG : : EK : EI : : CD : DB : : CG : GF, et par conséquent GC$=$GF. Ce problème est impossible quand BD est plus grand que CE.

PROBLÈME XVII.

Supposant l'aire d'un carré BEDF, formé dans un trian-

— 13 —

gle rectangle ABC, donné égale à celle d'un triangle ADC, formé par deux lignes menées des extrémités de l'hypothénuse à l'angle adjacent D du carré; connaître le côté de ce carré. (*Fig.* 17).

SOLUTION ALGÉBRIQUE.

Je nomme BC, a; BA, b, et BE ou BF, x; alors CE étant égal à $a-x$ et AF$=b-x$ l'aire du triangle CED sera $\dfrac{x \times a-x}{2}$ et celle du triangle ADF $=\dfrac{x \times b-x}{2}$.

Mais il est évident que BEDF$+$CED$+$ADF$+$ADC$=$ABC, qui à cause de ADC$=$BEDF, deviendra 2BEDF$+$CED$+$ADF$=$ABC, c'est-à-dire $2\ x^2+\dfrac{x \times a-x}{2}+\dfrac{x \times b-x}{2}=\dfrac{ab}{2}$;

ainsi $x^2+\dfrac{a+b}{2}\times x=\dfrac{ab}{2}$: et $x=\sqrt{\dfrac{ab}{2}+\dfrac{1}{4}a+\dfrac{1}{4}b^2}-\dfrac{ab}{4}$

SOLUTION GÉOMÉTRIQUE.

Je mène BD prolongée jusqu'à la rencontre de AC en G, et GH perpendiculaire sur AB. Il est évident que le triangle ADC est au triangle ABC $=\dfrac{AB \times BC}{2}$, comme GD à BG, ou comme HF à HB; il est encore évident que HB$\times$ AB$\times$BC $=$ AB$\times$BC. Il s'en suit donc que le triangle ADC :
$\dfrac{HB \times \overline{AB+BC}}{2}$: :HF : HB: :HF$\times\dfrac{AB \times BC}{2}$: HB$\times\dfrac{AB \times BC}{2}$

par conséquent le triangle ADC$=$HF$\times\dfrac{AB+BC}{2}=$BF$\times$BK;

en prenant BK (sur le prolongement de AB) égal à $\dfrac{AB+BC}{2}$.

Ainsi $\overline{BF}$ étant égal à ADC$=$HF$\times$BK, le cas que nous considérons est réduit au septième problème, et on aura la construction géométrique suivante.

Ayant mené BG (coupant l'angle ABC en deux parties égales) et la perpendiculaire GH sur AB, et ayant pris BK égale à la moitié de la somme de AB et de BC, comme ci-dessus; qu'on décrive un demi-cercle sur HK, coupant BC en N;

— 14 —

et de ce point au milieu de BK, on mènera MN; alors si on prend MF=MN; BF sera le côté du carré demandé.

PROBLÈME XVIII.

Connaissant l'hypothénuse AC d'un triangle rectangle ABC, et la différence des lignes AD, CD, menées des extrémités au centre D du cercle inscrit, connaître les autres côtés du triangle. (*Fig.* 18.)

SOLUTION ALGÉBRIQUE.

Sur CD prolongée, j'abaisse la perpendiculaire AH, et je prends AC=a, AD=x, DC=y, et la différence donnée $x-y=b$. Il est évident que l'angle ADH=DAC+DCA=$\frac{1}{2}$BAC +$\frac{1}{2}$BCA, ou à la moitié d'un angle droit; donc AH=HD= $\frac{AD}{\sqrt{2}}=\frac{x}{\sqrt{2}}$. Mais $\overline{CD}^2+\overline{AD}^2+2\,DH\times CD=\overline{AC}^2$, c'est-à-dire $y^2\times x^2+xy\sqrt{2}=a^2$ qui deviendra (en substituant $x-b$ pour y et c pour $\sqrt{2}$) $x^2-2bx+b^2+x^2+cx^2-cbx=a^2$; ou $2+c\times x^2-2+c\times bx+b^2=a^2$. Ainsi $x^2-bx=\dfrac{a^2-b^2}{2+c}$, et

$$x=\sqrt{\frac{a^2-b^2}{2+c}+\frac{b^2}{4}}+\frac{b}{2}\,.$$

SOLUTION GÉOMÉTRIQUE.

La construction de ce problème sera facile, sachant que l'angle ADH vaut 45 dégrés; car si on prend DE=DC, alors AE exprime la différence donnée de DC à AD, l'angle DEC (CE étant menée) sera égal à $\frac{1}{2}$ ADH. Donc, par le moyen de l'angle AEC, et des côtés AE et CE, on peut construire le triangle AEC. Ainsi, prolongeant AE, et prenant l'angle DEC=ECD, le point D sera le centre du cercle, et son rayon se trouvera en abaissant la perpendiculaire DF sur AC : par conséquent le cercle pouvant être décrit, on mènera des extrémités A et C les tangentes AB, BC qui formeront le triangle demandé.

PROBLÈME XIX.

La base AB, la perpendiculaire CD et le rapport des côtés

— 15 —

AC, BC d'un triangle ABC étant données, connaître les côtés. (*Fig, 19.*)

SOLUTION ALGÉBRIQUE.

Je nomme AB, a; CD, b, et AD, x, et le rapport donné de AC à BC, $m : n$. Ainsi DB$=a-x$; $\overline{AC}^2 = \overline{CD}^2 + \overline{AD}^2 = b^2 + x^2$ et $\overline{BC}^2 = \overline{CD}^2 + \overline{BD}^2 = b^2 + a^2 - 2ax + x^2$: donc $m^2 : n^2 :: b^2 + x^2 : b^2 + a^2 - 2ax + x^2$, faisant le produit des extrêmes et celui des moyens, on a $m^2 b^2 + m^2 a^2 - 2m^2 ax + m^2 x^2 = n^2 b^2 + n^2 x^2$: donc $\overline{m^2 - n^2} \times x^2 - 2m^2 ax = \overline{n^2 - m^2} \times b^2 - m^2 a^2$; et $x^2 - \dfrac{2m^2 a}{m^2 - n^2} \times x = -b^2 - \dfrac{m^2 a^2}{m^2 - n^2}$, qui étant résolu, donne $x = \dfrac{m^2 a}{m^2 - n^2} + \sqrt{\dfrac{m\ na^2}{m^2 - n^2} - b^2}$.

SOLUTION GÉOMÉTRIQUE.

Ce problème se construit en divisant la base AB en E, en raison de AC à BC, et en la prolongeant jusqu'à ce que EO soit quatrième proportionnelle à AE—EB, AE et BE; car il est démontré que deux lignes menées des points A et B à un point quelconque d'une circonférence décrite du centre O avec l'intervalle OE, sont en raison de EA à BE; ainsi il est évident que le point d'intersection de l'arc et de la parallèle FG à la base AB à la distance donnée DC, sera le sommet du triangle.

PROBLÈME XX.

Connaissant la base AB; la perpendiculaire CD, et la différence de deux côtés AC, BC d'un triangle ABC, connaître les côtés. (*Fig. 20.*)

SOLUTION ALGÉBRIQUE.

Prenant AE $=\frac{1}{2}$ AB$=a$, CD$=b$, AC—CB$=d$ et ED$=x$, on a AD $= a+x$ et BD$=a-x$, AC$=\sqrt{b^2 + \overline{a+x}^2}$ et BC$=\sqrt{b^2 + \overline{a-x}^2}$; par conséquent $\sqrt{b^2 + \overline{a+x}^2} - d = \sqrt{b^2 + \overline{a-x}^2}$; qui, étant élevé au carré, donne $b^2 + \overline{a+x}^2 - 2d$

— 16 —

$$\sqrt{\overline{b^2+\overline{a+x^2}+d^2}}=b^2+\overline{a-x^2},$$ et réduisant elle devient $4\,a\,x+d^2 = 2d\sqrt{\overline{b^2+\overline{a+x^2}}}$, qui étant aussi carrée et réduite, donne $16a^2x^2+d^4=4d^2\times\overline{a^2+b^2}+4d^2x^2$; ainsi $x=$

$$\sqrt{\frac{4d+\overline{a^2\times b^2}-d4}{16a^2-4d^2}}$$

Ce problème n'étant qu'un cas particulier d'un autre plus général donné ci-après (problème 49) je n'inférerai point ici la construction géométrique; mais on observera que si dans la solution algébrique on suppose d'être la somme au lieu de la différence des côtés, la valeur de x (ou DE) se trouvera par la même équation, comme il est évident par l'opération.

PROBLÈME XXI.

Connaissant la base AB, la perpendiculaire CD et le produit des autres côtés AC, BC d'un triangle ABC, connaître ces côtés. (*Fig.* 21.)

SOLUTION ALGÉBRIQUE.

En retenant les mêmes dénominations que dans le problème précédent, et prenant le produit donné égal à c^2, on a $\sqrt{\overline{b^2+\overline{a+x^2}}}\times\sqrt{\overline{b^2+\overline{a-x^2}}}=c^2$. Donc $b^2+a+x^2\times b^2+a-x^2=c^4$, c'est-à-dire $b^4+b^2\times\overline{2a^2+2x^2}+a^4-2a^2x^2+x^4=c^4$. Ainsi $x^4+\overline{2b^2-2a^2\times x^2}=c^4-b^4-2a^2b^2-a^4$, qui étant résolue, donne $x=\sqrt{\overline{a^2-b^2+\sqrt{\overline{c^4-4a^2b^2}}}}$.

SOLUTION GÉOMÉTRIQUE.

L'aire du rectangle fait sous les deux lignes inconnues étant donnée, on peut assigner deux autres lignes formant un rectangle égal, dont l'une étant connue, déterminera aussi l'autre; mais on sait que le rectangle fait sous la perpendiculaire donnée CD et le diamètre du cercle circonscrit est égal à celui fait sous les côtés inconnus du triangle; on connaît donc le diamètre du cercle circonscrit; de là on tirera la construction suivante :

Cherchez une troisième proportionnelle à CD et au côté du carré exprimant le rectangle donné; des points A et B

avec la moitié de cette ligne prise pour rayon, ayant décrit un arc coupant EF perpendiculaire sur AB en O; de ce point pris pour centre avec le même rayon, vous décrirez le cercle ACB; alors GFG parallèle à AB à la distance donnée CD, les points d'intersection C seront les différents sommets du triangle demandé.

PROBLÈME XXII.

Connaissant de grandeur trois lignes AE, BF et CD menées des angles d'un triangle sur le milieu des côtés opposés, connaître les côtés. *(Fig. 22.)*

SOLUTION ALGÉBRIQUE.

Soit $CD = a$, $BF = b$, $AE = e$, $AB = x$, $AC = y$ et $BC = z$.

Puisque, par une propriété connue des triangles $\overline{AC}^2 + \overline{BC}^2 = 2 \overline{CD}^2 + 2 \overline{AD}^2$, on a $y^2 + z^2 = 2 a^2 + \dfrac{x^2}{2}$; donc $y^2 + z^2 - \dfrac{x^2}{2}$

$= 2 a^2$ et de la même manière :
$$\begin{cases} x^2 + z^2 - \dfrac{y^2}{2} = 2 b^2 \\ x^2 + y^2 - \dfrac{z^2}{2} = 2 c^2 \end{cases}$$

Retranchant la première de deux fois la somme des deux autres, on a $4x^2 + \dfrac{x^2}{2} = 2 \times \overline{2 b^2 + 2 c^2 - a^2}$; et par conséquent $x = \dfrac{2}{3} \sqrt{2b^2 + 2c^2 - a^2}$, on trouvera de même $y = \dfrac{2}{3} \sqrt{2a^2 + 2c^2 - b^2}$ et $z = \dfrac{2}{3} \sqrt{2a^2 + 2b^2 - c^2}$.

SOLUTION GÉOMÉTRIQUE.

Si on mène CG et CH, parallèles à AE et BF, jusqu'à la rencontre de AB prolongée en H et en G, il est évident, à cause de CE=BE et CF=AF, que AG=AB=BH, que CG = 2 AE et CH = 2 BF. Donc les deux côtés CG, CH et la ligne CD, coupant en deux parties égales la base de triangle CGH, étant données, on connaîtra la diagonale IC (= 2 CD) du parallélogramme CGHI aussi bien que les côtés. Ainsi, construisant un triangle CGI dont les côtés soient doubles

5

des trois lignes données, menant GDH qui coupe CI en D, et prenant DA et DB chacun égal au tiers de GD, si on joint les points A, C et B, C, on aura le triangle demandé. Par cette construction, on a la même solution numérique que par la voie algébrique; car $2\overline{CD}^2 + 2\overline{GD}^2 = \overline{CG}^2 + \overline{CH}^2$ $= 4\overline{AE}^2 + 4\overline{BF}^2$; donc $GD = \sqrt{2\overline{AE}^2 + 2\overline{BF}^2 - \overline{CD}^2}$, et par conséquent $AB = \dfrac{2}{3}GD = \dfrac{2}{3}\sqrt{2\overline{AE}^2 + 2\overline{BF}^2 - \overline{CD}^2}$.

Il est aisé, par la construction, de voir qu'aucune des trois ne peut être plus grande que la somme des deux autres.

PROBLÉME XXIII.

Les côtés d'un triangle ABC étant donnés trouver la perpendiculaire CD, les segmens de la base et l'aire du triangle. (*Fig. 23.*)

SOLUTION ALGÉBRIQUE.

Soit $AC = a$, $AB = b$, $BC = c$ et $AD = x$: alors $BD = b - x$ et $c^2 - \overline{b - x}^2 = \overline{CD}^2 = a^2 - x^2$; c'est-à-dire $c^2 - b^2 + 2bx - x^2 = a^2 - x^2$; ainsi $2bx = a^2 + b^2 - c^2$ et $x = \dfrac{a^2 + b^2 - c^2}{2b}$.

Maintenant $\overline{CD}^2 = \overline{AC}^2 - \overline{AD}^2 = \overline{AC + AD} \times \overline{AC - AD}$ $= a + \dfrac{a^2 + b^2 - c^2}{2b} \times a - \dfrac{a^2 + b^2 - c^2}{2b} = \dfrac{a^2 + 2ab + b^2 - c^2}{2b} \times$ $\dfrac{-a^2 + 2ab - b^2 + c^2}{2b} = \dfrac{\overline{b + a}^2 - c^2}{2b} \times \dfrac{c^2 - \overline{b - a}^2}{2b}$: ainsi $CD = \dfrac{1}{2b}\sqrt{\overline{b + a}^2 - c^2 \times c^2 - \overline{b - a}^2}$ et l'aire égale à $\dfrac{CD \times AB}{2} = \dfrac{1}{4}\sqrt{\overline{b + a}^2 - c^2 \times c^2 - \overline{b - a}^2}$.

SOLUTION GÉOMÉTRIQUE.

Soit un cercle décrit du centre A avec un rayon AC, et

— 19 —

qui coupe AB prolongée en E et en F, de sorte que BF soit la somme des côtés et BE leur différence : soient aussi menées les lignes EC et FG, alors $\overline{FC}^2 = FE \times FD = 2 AF \times FD$; et $\overline{EC}^2 = FE \times ED = 2 AE \times ED$ de plus $\overline{BC}^2 = \overline{BF}^2 + \overline{FG}^2 (2 AF \times FD) - 2 BF \times FD = \overline{BF}^2 - 2 AB \times FD$: de même $\overline{BC}^2 = \overline{BE}^2 + \overline{EC}^2 (2 AE \times ED) - 2 EB \times ED = \overline{BE}^2 + 2 AB \times ED$.

Il est évident que $2 AB \times FD = \overline{BF}^2 - \overline{BC}^2$, et $2 AB + ED = \overline{BC}^2 - \overline{BE}^2$: par conséquent $\overline{BF}^2 - \overline{BC}^2 \times \overline{BC}^2 - \overline{BE}^2 = 4 \overline{AB}^2 \times FD \times ED = 4 \overline{AB}^2 \times \overline{CD}^2$; donc $\dfrac{AB \times DC}{2} = \dfrac{1}{4}$

$\sqrt{\overline{BF}^2 - \overline{BC}^2 \times \overline{BC}^2 - \overline{BE}^2}$, qui est l'aire du triangle. D'où il suit que l'aire d'un triangle quelconque se trouvera en multipliant la différence entre le carré d'un des côtés et le carré de la somme des deux autres, par celle entre le carré du même côté, et le carré de la différence des deux autres, et en prenant le quart de la racine carrée du produit.

PROBLÈME XXIV.

Connaissant les côtés d'un triangle ABC, connaître le rayon du cercle inscrit. *(Fig. 24.)*

SOLUTION ALGÉBRIQUE.

Du point O aux angles du triangle et aux points d'attouchement, je mène des lignes, et sur BO prolongée j'abaisse la perpendiculaire AG, il est évident en premier lieu que OD étant égale à OE, AD sera égale à AF, BD à BE, et CF à CE ; donc, ajoutant ces égalités , on aura BD + CF = BE + EC = BC, je soustrais chacune de ces quantités de AB + AC, et le reste sera AD + AF = AB + AC — BC et AD ou $AF = \dfrac{AB + BC - AC}{2}$ et $CF = \dfrac{AC + BC - AB}{2}$.

Il est de plus évident que les triangles AOG et COF sont

semblables, car la somme des angles au centre DOE+ DOF+FOE valant quatre angles droits, leurs moitié BOD+ DOA+COF ou BOD+DOA+AOG, vaudront deux angles droits, donc COF=AOG.

Présentement soient exprimées les valeurs déjà trouvées de AD, BD et CF par a, b et c respectivement, et soit OD=EO = OF = x : alors on aura BO $(\sqrt{b^2+x^2})$: OD(x) : : AB$(a +b)$: AG$=\dfrac{ax+bx}{\sqrt{b^2+^2}}$; et BO : DB : : AB : BG$=\dfrac{ab+b^2}{\sqrt{b^2+x^2}}$:

donc OG = BG—BO $=\dfrac{ab+b^2}{\sqrt{b^2+x^2}} - \sqrt{b^2+x^2} = \dfrac{ab-x^2}{\sqrt{b^2+x^2}}$;

mais AG : OG : : CF : OF ; ou, $ax+bx$: $ab-x^2$: : c : x ;

ainsi $ax^2+bx^2=abc-cx^2$: donc $x = \sqrt{\dfrac{abc}{a+b+c}}$.

SOLUTION GÉOMÉTRIQUE.

Soit DO et AG prolongées jusqu'à ce qu'ils se rencontrent en H : alors les triangles semblables donneront AB : HO : : AG : OG : : CF : FO ; donc en alternant et composant, on a AB + CF : CF : : HO + FO = HD : FO = OD : : HD × OD : $\overline{\text{OD}}^2$. Mais HD × OD = AD × BD ; par conséquent AB + CF : CF : : AD × BD : $\overline{\text{OD}}^2 = \dfrac{\text{AD} \times \text{BD} \times \text{CF}}{\text{AD}+\text{BD}+\text{CF}}$, comme ci-dessus. De cette solution on tire facilement la règle pour trouver l'aire d'un triangle dont on connaît les côtés : car l'aire du triangle ABC est égale au rayon multiplié par la moitié de la somme des côtés, c'est à-dire...........

$$\sqrt{\overline{\text{AD} + \text{BD} + \text{CF}} \times \text{AD} \times \text{BD} \times \text{CF}}.$$

PROBLÈME XXV.

Le rayon et les tangentes de deux arcs étant donnés, trouver la tangente de la somme des deux arcs. *(Fig. 25.)*

SOLUTION ALGÉBRIQUE.

Soit AB et BC les arcs donnés, dout les tangentes sont AD et CE, et soit la première prolongée à la rencontre du rayon

OC aussi prolongé, alors AF sera la tangente demandée. Je nomme AO, r; AD, m, CE, n; AF, x, et FO, y, et j'abaisse DG perpendiculaire sur FO : j'ai par les triangles semblables OF (y) : AO (r) :: DF $(x-m)$: DG $=\dfrac{rx-rm}{y}$, de même que OF (y) : AF (x) :: DF $(x-m)$: FG $\dfrac{x^2-mx}{y}$;

par la dernière j'ai OG (OF—FG)$=y-\dfrac{x^2-mx}{y}=y^2$

$-\dfrac{x^2+mx}{y}=\dfrac{r^2+mx}{y}$ (parce que $y^2-x^2=r^2$).

Mais OG $\left(\dfrac{r^2+mx}{y}\right)$: DG $\left(\dfrac{rx-rm}{y}\right)$ :: OC (r) : CE

(n), donc $r^2x-r^2m=r^2n+mnx$. Ainsi $x=\dfrac{r^2\times\overline{m+n}}{r^2-mn}$

ou AF $=\dfrac{\overline{AO}^2\times\overline{AD+CE}}{\overline{AO}^2-AD+CE}$.

AUTREMENT :

(*Fig.* 26). Soient AD et AE les tangentes des arcs donnés AB et AC et BF celle de leur somme, soit aussi abaissé sur OD la perpendiculaire EG coupant le rayon OA en H ; alors, par les triangles semblables, on a AO : AD :: AE : AH et HO (AO—AH) : DE :: GO : EG :: BO (AO) : FB $=$

$\dfrac{AO\times DE}{AO-AH}=\dfrac{\overline{AO}^2\times DE}{\overline{AO}^2-AO\times AH}=\dfrac{\overline{AO}^2\times\overline{AD+AE}}{\overline{AO}^2-AD\times AE}$ (parce

que AO $\times$ AH $=$ AD $\times$ AE par la première proportion, qui est la même solution que la précédente.

Si, connaissant les mêmes choses, on demandait la tangente de la différence BC des deux arcs; alors, par la proportion $\dfrac{r^2+mx}{y}:\dfrac{rx-rm}{y}::r:n$, on aurait $n=\dfrac{r^2\times x-m}{r^2+mx}$

ou CE $=\dfrac{\overline{AO}^2\times\overline{AF-AD}}{\overline{AO}^2+AF\times AD}$.

PROBLÈME XXVI.

Connaissant la raison des sinus DE, FG, et celle des tangentes AB, AC de deux arcs AD, AF d'un cercle donné, connaître les sinus et les tangentes. *(Fig. 27)*.

SOLUTION ALGÉBRIQUE.

Soit le rayon $AO = a$ et $AB : CA :: m : n$; soit de plus $DE : FG :: p : q$, je nomme AB, x, et AC, y; alors par les triangles semblables $\overline{OB}^2 (a^2 + x^2) : \overline{AB}^2 (x) :: \overline{OD}^2 (a^2) :$ $\overline{DE}^2 = \dfrac{a^2 x^2}{a^2 + x^2}$; et $\overline{OC}^2 (a^2 + y^2) : \overline{AC}^2 (y^2) :: \overline{OF}^2 (a^2) :$ $\overline{FG}^2 = \dfrac{a^2 y^2}{a^2 + y^2}$. Donc par la question $p^2 : q^2 :: \dfrac{a^2 x^2}{a^2 + x^2} :$ $\dfrac{a^2 y^2}{a^2 + y^2}$, et par conséquent $p^2 y^2 \times \overline{a^2 + x^2} = q^2 x^2 \times a^2 + y^2$. Mais par la supposition nous avons $m : n :: x : y = \dfrac{nx}{m}$, laquelle valeur étant substituée pour y dans la léquation précédente, donnera $\dfrac{n^2 p^2 x^2}{m^2} \times \overline{a^2 + x^2} = q^2 x^2 \times a^2 + \dfrac{n^2 x^2}{m^2}$; ainsi $n^2 p^2 \times \overline{a^2 + x^2} = q^2 \times a^2 m^2 + n^2 x^2$ et $x = \dfrac{a}{n} \times \sqrt{\dfrac{n^2 p^2 - m^2 p^2}{q^2 - p^2}}$ par laquelle nous connaissons AC, DE et FG.

SOLUTION GÉOMÉTRIQUE.

Puisque la raison de AB à AC est donnée comme m est à n; GK sera à GF dans la même raison (supposant que GF coupe OB en K) et si on mène KH parallèle à AO coupant OF en H, OH sera aussi à OF dans la même raison donnée.

De plus si on mène DI parallèle à AO, rencontrant OF en I; alors $OK : OH :: OD(OF) : OI :: FG : DE :: q : p$, ainsi OK est trouvée, et l'on aura la construction suivante :

Sur le rayon du cercle donné, je prends OH : OF: :m : n; et sur H je décris une demi circonférence : je cherche une quatrième proportionnelle à P, Q et HO avec laquelle prise pour rayon et du centre O, je décris un arc coupant la demi circonférence en **K,** ensuite je mène HK parallèle à OA.

PROBLÈME XXVII.

Le côté du carré et le rayon du cercle, inscrits dans un triangle rectangle ABC, étant donnés, déterminer le triangle. *(Fig. 28)*.

SOLUTION ALGÉBRIQUE.

Je mène la diagonale **BD** du carré, et des points de contacts au centre O du cercle, je mène des rayons OG et OP, et du sommet de l'angle droit sur l'hypothénuse, j'abaisse la perpendiculaire BQ, je nomme le côté du carré, a; le rayon du cercle, b, et AQ, x; alors à cause des parallèles, FG $(a - b)$: BF (a) : : OD : BD : : OP (b) : BQ $= \dfrac{ab}{a-b}$; ainsi

$$DQ = \sqrt{\overline{BD}^2 - \overline{BQ}^2} = \sqrt{2a^2 - \dfrac{a^2 b^2}{\overline{a-b}^2}}.$$

Si, pour abréger, on appelle DQ, c, et BQ, d, alors on aura AQ (x) : BQ (d) : : BQ (d) : CQ $= \dfrac{d^2}{x}$, et AD $(c+x)$: CD $\left(\dfrac{d^2}{x} - c\right)$: : AB : BC : : AQ (x) : BQ (d); ainsi, prenant le produit des extrèmes et celui des moyens, on trouvera $dx + dc = d^2 - cx$; donc $x = \dfrac{d^2 - dc}{d+c}$.

SOLUTION GÉOMÉTRIQUE.

La construction géométrique aussi bien que la solution trigonométrique de ce problème, sont fort aisées; car la position du point D par rapport au cercle étant donnée, la ligne DPA, tangente au cercle en ce point, déterminera le triangle, et par le moyen des lignes OP, OD, on trouvera

— 24 —

l'angle D, et connaissant de plus l'angle ABD de 45 dégrés, de même que le sinus BD, tout le reste sera connu.

PROBLÈME XXVIII.

Connaissant le rayon d'un cercle, trouver le côté du pentagone et du décagone inscrits. *(Fig. 29.)*

SOLUTION ALGÉBRIQUE.

Soient AB, BC, CD, et c les côtés du décagone, et AC celui du pentagone; et soit menée la ligne AD coupant le rayon en P. Il est évident, en premier lieu, que les angles BAD et OAP faits sur des arcs égaux BD et BF, sont égaux entr'eux, et à l'angle AOP embrassant l'arc AB. Secondement, que le triangle PAB (aussi bien que AOP) est isoscelle, parce que la perpendiculaire A n C fait des angles BAC, CAD égaux avec les côtés AB, AP du triangle. Ainsi, ces trois lignes AB, AP et OP sont égales entr'elles; et AO (OB) : AB (OP) : : OP (AB) : BP, l'angle BAO étant coupé en deux parties égales par AP. De plus, abaissant les perpendiculaires PQ et CM, sur AO et ABM, les triangles BCM et APQ sont parfaitement égaux, parce que BC $=$ AB $=$ AP et l'angle MBC $=$ MAD $=$ PAQ, de sorte que BM étant égale à AQ $= \dfrac{1}{2}$ AO, on a $\overline{AC}^2 = \overline{BC}^2 + \overline{BA}^2 + 2\,\mathrm{BM} \times \mathrm{AB} = \overline{BC}^2 + \overline{AB}^2 + \mathrm{AO} \times \mathrm{AB}$, Mais par la proportion ci-dessus, $\mathrm{AO} \times \mathrm{BP} = \overline{AB}^2$: mettant donc AO $\times$ BP à la place de $\overline{AB}^2$ on a $\overline{AC}^2 = \overline{BC}^2 + \mathrm{AO} \times \mathrm{AB} + \mathrm{AO} \times \mathrm{BP} = \overline{BC}^2 + \overline{AO}^2$, ainsi (BC étant trouvée) AC sera aussi connue. Si AO $= a$, et AB $= x$, alors par l'égalité de $\overline{AB}^2$ et de AO $\times$ BP, on aura $x^2 = a \times \overline{a - x}$, qui donnera $x = \sqrt{\dfrac{5\,a^2}{4}} - \dfrac{a}{2}$, et AC $= \sqrt{x^2 + a^2} = a\sqrt{\dfrac{5 - \sqrt{5}}{2}}$.

— 25 —

SOLUTION GÉOMÉTRIQUE.

Puisque le côté du décagone est égal à la médiane du rayon divisé en moyenne et extrême raison, et que le carré du côté du pentagone est égal au carré du côté de l'exagone, plus au carré du côté du décagone, la construction suivante sera évidente.

Soit mené le rayon OR perpendiculaire sur le diamètre AF, et ayant coupé AO en deux également en Q, soit pris Q en F, QS = QR : alors OF : OS : : OS : FS, et par conséquent OS=AB côté du décagone.

Et parce que RS étant mené $\overline{RS}^2 = \overline{OS}^2 + \overline{OR}^2$, RS=AC sera le côté du pentagone.

PROBLÈME XXIX.

Connaissant l'hypoténuse AC et le rayon du cercle inscrit DEFG dans un triangle rectangle ABC, connaître les deux autres côtés AB, BC. *(Fig. 30.)*

SOLUTION ALGÉBRIQUE.

Du centre D aux points d'attouchement soient menées les lignes DE, DF et DG, qu'on tire aussi AD et CD, et que l'on appelle DE = DF = DG, a; AC, b, BA, x; et BC, y.

Il est évident que CE = CG = $y - a$, donc $x - a + y - a = b = $ AC; laquelle devient $x + y = b + 2a$. Mais par la propriété du triangle rectangle $x^2 + y^2 = b^2$; et si du double de cette équation on retranche le carré de la première, le reste sera $x^2 - 2xy + y^2 = b^2 - 4ab - 4a^2$; et la racine extraite dans les deux membres, donne $x - y = \sqrt{b^2 - 4ab - 4a^2}$: laquelle étant soustraite et ajoutée à la première donne $2x = 2a + b + \sqrt{b^2 4ab - 4a^2}$: et $2y = 2a + b - \sqrt{b^2 - 4ab - 4a^2}$.

SOLUTION GÉOMÉTRIQUE.

La différence entre chaque côté du triangle et le segment adjacent de l'hypoténuse étant égal au rayon, il est certain que la somme des deux côtés AB+BC excédera celle des

4

— 26 —

segments, c'est-à-dire, l'hypoténuse entière de deux fois le rayon, par conséquent égale à AC+2BF. Si on fait donc BI égale à BC, AI sera égale à AC+2BF, et l'angle BIC à un demi droit; ce qui donne la construction suivante.

Soit menée une ligne indéfinie sur laquelle on prendra AH égale à l'hypoténuse, et HI au diamètre du cercle donné. Soit aussi fait l'angle AIN de 45 dégrés, et du centre A avec un rayon AH, qu'on décrive un arc coupant IN en C, alors de ce point sur AP abaissant la perpendiculaire CB, on aura les côtés demandés.

PROBLÈME XXX.

Le périmètre et l'aire d'un triangle rectangle ABC étant donnés, connaître les côtés. *(Fig. 30.)*

SOLUTION ALGÉBRIQUE.

Soit le périmètre $AB + BC + AC = p$, et l'aire $\frac{1}{2} AB \times BC$ $= a^2$: soit x la moitié de la somme des côtés AB et BC, et y celle de leur différence, alors $AB = x + y$, $BC = x - y$, et $AC = p - 2x$, on aura $\overline{x + y} \times \overline{x - y} = 2a^2$ et $\overline{x + y}^2 + \overline{x - y}^2 =$ $\overline{AC} = \overline{p - 2x}^2$; et réduisant $x^2 - y^2 = 2a^2$ et $2x^2 + 2y^2 =$ $p^2 - 4px + 4x^2$.

Ajoutant présentement cette dernière équation au double de la première, on aura pour somme $4x^2 = -4px + 4x^2$ $+ 4a^2 + p^2$, ainsi x est égal à $\dfrac{p^2 + 4a^2}{4p.} = \dfrac{1}{4} p + \dfrac{a^2}{p}$, laquelle valeur mise pour x donne $y = \sqrt{x^2 - 2a^2}$.

SOLUTION GÉOMÉTRIQUE.

Si du centre D du cercle inscrit on mène des droites aux angles du triangle, il se trouvera divisé en trois autres triangles ADB, BDC et ADC, dont les bases seront les côtés demandés et leurs perpendiculaires des rayons du cercle; par conséquent le triangle ABC est égal au rectangle fait sous la moitié AQ de la somme de ses trois côtés, et le rayon DF

— 27 —

sera connu, si on prend une troisième proportionnelle à AQ et au côté du carré qui exprime l'aire du triangle ; alors prenant QH et QI égaux chacun à DF, AH sera égale à l'hypoténuse (par le problème précédent) et AI à la somme des deux autres côtés. Ces quantités étant connues, la construction est la même que la précédente.

PROBLÈME XXXI.

La somme ou la différence des côtés AC, BC, d'un triangle rectangle ABC étant donnée, et la somme ou la différence de l'hypoténuse AB à la perpendiculaire CD, abaissée de l'angle droit, connaître les côtés du triangle (*Fig.* 31).

SOLUTION ALGÉBRIQUE.

Soit $AC + BC = s$, $AC - BC = d$; $AB + CD = p$, $AB - CD = q$: alors $AC = \dfrac{s+d}{2}$, $BC = \dfrac{s-d}{2}$, $AB = \dfrac{p+q}{2}$, et $CD = \dfrac{p-q}{2}$: mais $\overline{AB}^2 = \overline{AC}^2 + \overline{BC}^2$; et $AB \times CD$ est égal au double de l'aire du triangle ABC, égal par conséquent à $AC \times BC$, qui donnent $p^2 + 2pq + q^2 = 2s^2 + 2d^2$, et $p^2 - q^2 = s^2 - d^2$, ajoutant et soustrayant le double de la dernière de la première, on a deux autres équations :

$$3p^2 + 2pq - q^2 = 4s^2$$
$$-p^2 + 2pq + 3q^2 = 4d^2,$$

dans lesquelles supposant données deux des quatre quantités s, d, p, q ; les deux autres sont aisément déterminées.

Ainsi soient s et p données, alors par la première équation on a $q^2 - 2pq = 3p^2 - 4s^2$; donc $q^2 - 2pq + p^2 = 4p^2 - 4s^2$, et $p - q = 2\sqrt{p^2 - s^2}$: par conséquent $CD = \dfrac{p-q}{2} = \sqrt{p^2 - s^2}$ et $AB = p - \sqrt{p^2 - s^2}$.

Si on connaissait d et q, alors on aurait $CD = \sqrt{q^2 - d^2}$; parce que $p^2 - q^2 = s^2 - d^2$ ou $p^2 - s^2 = q^2 - d^2$.

Si c'étaient s et q qui fussent données, on aurait $3p^2 + 2$

$pq = 4s^2 + q^2$, qui étant résolue, donne $p = \dfrac{2}{3}\sqrt{3s^2 + q^2}$ $- \dfrac{1}{3} q$.

Enfin, si d et p étaient données, par l'équation $3q^2 + 2pq$ $= 4d^2 + p^2$, on trouverait $q = \dfrac{2}{3}\sqrt{3d^2 + p^2} - \dfrac{1}{3} p$.

SOLUTION GÉOMÉTRIQUE.

Les mêmes propriétés qui ont servi à la solution algébrique, nous fourniront aussi des constructions géométriques du problème dans ses différents cas; mais il sera suffisant d'examiner celui où la différence de l'hypoténuse à la perpendiculaire et la somme des autres côtés sont données, comme étant le plus difficile.

Ainsi, parce que $\overline{AC}^2 + \overline{BC}^2 = \overline{AB}^2$ et $2\,AC \times BC = 2AB \times CD = 2\,AB \times BF$, on aura, après avoir ajouté ces deux équations ensemble, $\overline{AC}^2 + \overline{BC}^2 + 2AC \times BC = \overline{AE}^2 = \overline{AB}^2 + 2\,AB \times BF = \overline{AB}^2 + 2\,AB \times \overline{AB - AF} = 3\,\overline{AB}^2 - 2\,AB \times AF$.

Donc si du centre A avec le rayon AE, on décrit un arc, et que de son point d'intersection H avec la ligne FH, et d'un rayon $= 2\,AE$, on décrit un autre arc, coupant AE prolongée en N, l'hypoténuse AB du triangle demandé sera le tiers de la ligne AN déterminé de cette façon.

Car $\overline{HN}^2 = 4\,\overline{AE}^2 = \overline{AN}^2 + \overline{AH}^2 (\overline{AE}^2) - 2\,AN \times AF$, donc $3\,\overline{AE}^2 = \overline{AN}^2 - 2\,AN \times AF$; et si on prend $AB = \dfrac{AN}{3}$, on aura $3\,\overline{AE}^2 = 3AB \times 3AB - 6\,AB \times AF$, et par conséquent $\overline{AE}^2 = 3\,\overline{AB}^2 - 2\,AB \times AF$.

Par cette valeur de AB on peut trouver les autres quantités; car si sur FH on prend $FK = FB$, et qu'on mène KC parallèle à AN, son point d'intersection C avec le cercle sera évidemment le sommet du triangle.

LEMME.

(*Fig.* 32). Si du sommet d'un triangle on mène une ligne

— 29 —

à un point quelconque de la base, la somme des deux solides faits sous les carrés des deux côtés et le segment opposé, sera égale à celui fait sous toute la base et les deux segmens plus celui fait sous le carré de la ligne menée et la base.

DÉMONSTRATION.

Soit ACD le triangle proposé et BD la ligne menée; je dis que $\overline{AD}^2 \times BC + \overline{CD}^2 \times AB = AC \times AB \times BC + \overline{BD}^2 \times AC$; car si AB et BC sont coupées en deux également en M et en N, et que sur AC on abaisse la perpendiculaire DE, il est connu que $\overline{AD}^2 - \overline{BD}^2 = AB \times 2\,ME$, $\overline{CD}^2 - \overline{BD}^2 = BC \times 2\,NE$; d'où il suit que $\overline{AD}^2 \times BC - \overline{BD}^2 \times BC = AB \times BC \times 2\,ME$ et $\overline{CD}^2 \times BA - \overline{BD}^2 \times BA = AB \times BC \times 2\,NE$, et si on ajoute ensemble ces deux équations, la somme sera $\overline{AD}^2 \times BC + \overline{CD}^2 \times AB - AC \times \overline{BD}^2 (= AB \times BC \times 2\,MN) = AB \times BC \times AC$, et par conséquent $\overline{AD}^2 \times BC + \overline{CD}^2 \times AB = AC \times AB \times BC + AC \times \overline{BD}^2$. C.Q.F.D.

Corollaire 1er. Ainsi si AB = BC on aura $\overline{AD}^2 + \overline{CD}^2 = 2\,\overline{AB}^2 + 2\,\overline{BD}^2$.

Corollaire 2e. Mais si AD = DC, $\overline{AD}^2 \times BC + \overline{CD}^2 \times AB = \overline{AD}^2 \times BC + \overline{AD}^2 \times AB = \overline{AD}^2 \times BC + \overline{AD}^2 \times AB = \overline{AD}^2 \times AC$. Ainsi $\overline{AD}^2 \times AC = AB \times BC \times AC + \overline{BD}^2 \times AC$, et par conséquent $\overline{AD}^2 = AB \times BC + \overline{BD}^2$.

Corollaire 3e. Enfin, si l'angle ADB = CDB, ou AD : CD :: AB : BC, alors AD $\times$ BC étant égal à CD $\times$ AB, il s'ensuit que $\overline{AD}^2 \times BC = AD \times DC \times AB$, et que $\overline{CD}^2 \times AB = AD \times CD \times BC$. Ainsi $\overline{AD}^2 \times BC + \overline{CD}^2 \times AB = AD \times CD + \overline{AB + BC} = AD \times AC \times CD = AB \times BC \times AC + BD^2 \times AC$, et par conséquent $AD \times CD = AB \times CB + \overline{BD}^2$.

— 50 —

PROBLÈME XXXII.

De trois points donnés A, B, C dans une même ligne droite, mener des lignes à un autre point D, de sorte qu'elles soient entr'elles en raison donnée. (*Fig.* 33).

SOLUTION ALGÉBRIQUE.

Soient les trois points donnés A, B et C ; je nomme AB, a ; BC, b ; AC, c, et AD, x ; soient les lignes AD, BD et CD entr'elles respectivement, comme p, q et r : alors $BD = \dfrac{qx}{p}$, et $CD = \dfrac{rx}{p}$, et par le lemme précédent $x^2 \times b + \dfrac{r^2 x^2}{p^2}$ $\times a = abc + c \times \dfrac{q^2 x^2}{p^2}$ ainsi $\overline{bp^2} + \overline{ar^2} - \overline{cq^2} \times x^2 = a$ $b c p^2$; et par conséquent........ $x = p \sqrt{\dfrac{abc}{bp + ap^2 - cq^2}}$.

Le problème pourrait se résoudre en suivant la même voie, si au lieu de la raison des lignes, on connaissait leur somme, leur différence ou leur produit.

SOLUTION GÉOMÉTRIQUE.

Si par un point quelconque E de la ligne BD, on mène deux lignes EF et EG qui fassent des angles BEF et BEG respectivement égaux aux angles BAD, BCD ; par les triangles semblables on aura..... BE : BF ∷ BA : BD

BE : BG ∷ BC : BD

et par conséquent...... BF : BG ∷ BC : BA,

donc si on prend BF = BC, BG égalera AB.

De plus, par les triangles précédents on a :

BD : AD ∷ q : p ∷ BF (BC) : EF

BD : CD ∷ q : r ∷ BG (AB) : GE,

ainsi FE et GE seront données, et on aura la construction suivante :

Ayant fait BF = BC et BG = AB, qu'on prenne une quatrième proportionnelle à q, p et BC et une autre à q, r et AB ; avec ces deux lignes prises pour rayons décrivez deux arcs

qui se coupent en E : alors menant AD et faisant l'angle BAD = BEF, son point d'intersection avec la ligne BE sera le point de concours demandé.

La solution trigonométrique est aussi facile que celle-ci; car les côtés du triangle BGE étant connus, l'angle F sera aussi connu.

On observera que ce problème peut être construit par le moyen de deux cercles décrits de manière que les lignes menées des points donnés se rencontrant sur la circonférence, soient en raison donnée. Lorsque les cercles décrits des centres C et F ne se rencontrent point, le problème est impossible; c'est-à-dire, lorsque q est moindre que la différence ou plus grand que la somme de $\dfrac{ra}{c}$ et de $\dfrac{pb}{c}$.

PROBLÈME XXXIII.

Connaissant deux côtés AD, CD d'un triangle, et une ligne DB menée du sommet, divisant la base AC en raison donnée connaître la base. (*Fig.* 34.).

SOLUTION ALGÉBRIQUE.

Je nomme AD, a; BD, b; CD, c, et AB, x; soit la raison donnée de AB à BC, $m : n$; ainsi $BC = \dfrac{nx}{m}$; et $AC = x +$

$\dfrac{nx}{m} = \dfrac{\overline{m+n} \times x}{m}$. Donc (par le lemme précédent) $a^2 \times$

$\dfrac{nx}{m} + c^2 \times x = \dfrac{m + n \times x}{m} \times \dfrac{nx}{m} \times x + \dfrac{\overline{m+n} \times x}{m}$

$\times b^2$, laquelle équation étant réduite, donne $mna^2 + m^2 c^2$

$- m \times \overline{m+n} \times b^2 = \overline{m+n} \times nx^2$, et $x = \sqrt{\dfrac{mna^2 + m^2c^2}{\overline{m+n} \times n}}$

$- \dfrac{mb^2}{n}$.

Si on suppose que BD coupe la base en deux également, alors m et n étant égaux, x deviendra égale à $\sqrt{\dfrac{a^2 + c^2}{2} - b^2}$.

Mais si on suppose l'angle au sommet coupé en deux éga-

lement par BD, on aura $m : n :: AD : CD :: a : e$; ainsi mettant x et c au lieu de m et de n, $x = \sqrt{\dfrac{a^3 c + a^2 c^2}{a + c \times c} - \dfrac{a b^2}{c}}$

$$= \sqrt{a^2 - \dfrac{a\, b^2}{c}}.$$

SOLUTION GÉOMÉTRIQUE.

Sur une ligne quelconque EG prise à volonté, qu'on prenne EF et FG dans la raison donnée de AB à BC; et des points E, F et G soient menées trois lignes en D, de façon qu'elles soient entr'elles respectivement comme AD, BD et CD; alors si de D vers E on prend DA, et qu'on mène ABC parallèle à EG, on aura la base demandée.

PROBLÈME XXXIV.

Connaissant deux côtés AC, BC d'un triangle ABC, et les segments AE, BD coupés par des lignes BE, AD égales entr'elles, et menées des angles opposés, connaître l'autre côté. (*Fig.* 35).

SOLUTION ALGÉBRIQUE.

Prenant $CE = a$, $AE = b$, $CD = c$, $BD = d$, $CA = f$, CB g, $AB = x$, et AD ou $BE = z$; on aura les équations suivantes (par le lemme précédent), $g^2 \times b + x^2 \times a = f a b$ $+ f \times z^2$ $f^2 \times d + x^2 \times c = g e d + g \times z^2$; de la première multipliée par g, soustrayez l'autre multipliée par f, le reste sera $b g^3 - d f^3 + a g x^2 - c f x^2 - a b g f - c d g f$. Donc $x =$ $\sqrt{\dfrac{\overline{a b - c d} \times f g + d f^3 - b g^3}{a g - c f}}$.

SOLUTION GÉOMÉTRIQUE.

Si on mène DF parallèle à BE, elle sera à BE ou AD dans la raison donnée de CD à BC; CF sera aussi à CE dans la même raison, et par conséquent sera connu. Ainsi, il est évident que la position du point D par rapport au côté AC, sera déterminée par l'intersection de deux cercles, dont l'un sera décrit du centre C avec un rayon CD, et l'autre de façon que les lignes menées des points A et F à un point quelconque

— 55 —

de la circonférence, soient dans la raison donnée de CD à BC, par lequel point, ainsi déterminé, menant le côté BG du triangle, et joignant A et B, le problème sera résolu.

PROBLÈME XXXV.

Les côtés d'un trapèze ABCD, inscrit dans un cercle, étant donnés, trouver le diamètre de ce cercle. (*Fig. 36.*)

SOLUTION ALGÉBRIQUE.

Soit menée la diagonale AC, et soient abaissés sur BC et AD les perpendiculaires AE et CF, alors soit pris $AB = a$, $BC = b$, $CD = c$, $AD = d$ et $BE = x$.

Maintenant l'angle externe CDF étant égal à l'angle interne et opposé B, les triangles ABE et CDF seront semblables, et par conséquent $AB\,(a) : BE\,(x) :: CD\,(c) : DF = \frac{cx}{a}$. Mais $\overline{AB}^2 + \overline{CB}^2 - 2\,BC \times BE = \overline{AC}^2 = \overline{AD}^2 + \overline{CD}^2 + 2\,AD \times DF$, c'est-à-dire $a^2 + b^2 - 2bx = c^2 + d^2 + \frac{2c\,dx}{a}$, et $x = \dfrac{a^2 + b^2 - c^2 - d^2}{2b + \dfrac{2cd}{a}}$. Ainsi $AE = \sqrt{a^2 - x^2}$, et $AC = \sqrt{a^2 + b^2 + 2bx}$ seront aussi connues; c'est pourquoi cherchant une quatrième proportionnelle à AE, AC et AB on aura le diamètre demandé.

SOLUTION GÉOMÉTRIQUE.

(*Fig. 37*). Si on mène les diagonales du trapèze, les triangles ABE et CDE, de même que CEB et AEB seront semblables. Donc $AB : CD :: BE : CE$ et $BC : AD :: BE : AE$.

Mais puisque les raisons de CE et AE à BE sont données, il s'ensuit que si on mène une ligne quelconque FG parallèle à AC terminée par AB et BC prolongées, et qu'on prolonge aussi BE, les parties GH et FH seront à BH dans la même raison, c'est-à-dire $AB : CD :: BH : GH$, $BC : AD :: BH : FH$, par conséquent si on prend $BH = AB$, GH sera égale à CD et $FH = \dfrac{AD \times AB}{CB}$, d'où l'on tire la construction suivante :

5

Soit prise FH, quatrième proportionnelle à BC, AB et AD, et sur le prolongement de cette ligne soit faite HG= CD : alors décrivant un cercle IK, tellement que les lignes menées des points F et G se coupant sur la circonférence soient dans la raison donnée de AB à CD, et du centre H avec un rayon AB, décrivant un autre arc coupant le premier en B on mènera les lignes BF et BG, sur lesquelles on prendra AB et BC égales aux côtés donnés, ensuite on fera passer un cercle par les points A, B et C, et le problème sera résolu.

PROBLÈME XXXVI.

Connaissant les côtés et l'aire d'un trapèze ABCD déterminer le trapèze. (*Fig. 38.*)

SOLUTION ALGÉBRIQUE.

Supposant menée la diagonale AC, aussi bien que les perpendiculaires CE, CF sur AD et AB, et faisant AD$=a$, DC $=b$, BC $=c$, AB$=d$, l'aire donnée égale à r^2, DE $= x$ et BF $= y$.

On aura $a^2 + b^2 + 2ax = \overline{AC}^2 = c^2 + d^2 + 2\,dy$, et à $\sqrt{b^2 - x^2} + d\sqrt{c^2 - y^2} = 2\,ADC + 2\,ABC = 2r^2$ par la supposition.

Soit $c^2 + d^2 - a^2 - b^2 = 2f$, et par la première équation, on aura $ax - dy = f$; de plus, carrant les deux dernières équations et les ajoutant, la somme sera $a^2 b^2 + c^2 d^2 + 2\,ad$ $\sqrt{b^2 - x^2} + \sqrt{c^2 - y^2} - 2\,adxy = 4r^4 + f^2$; qui étant divisée par $2\,ad$, et mettant g au lieu de $\dfrac{4r^4 + f^2}{2ad} - \dfrac{ab^2}{2d}$ $- \dfrac{c^2 d}{2a}$, elle se réduit à $\sqrt{b^2 - x^2} \times \sqrt{c^2 - y^2} = g +$ xy : laquelle étant carrée, donne $b^2 c^2 - b^2 y^2 - c^2 x^2 =$ $g^2 + 2gxy$; qui, par la substitution de $\dfrac{dy + f}{a}$ pour x deviendra $b^2 c^2 - b^2 y^2 - \dfrac{c^2 \times \overline{dy + f}^2}{a^2} = g^2 + 2g\,y \times$ $\dfrac{dy + f}{a}$; ainsi prenant $b^2 c^2 - \dfrac{c^2 f}{a^2} - g^2 = h$, $\dfrac{2c^2 df}{a^2}$

$$+ \frac{2fg}{a} = k, \text{ et } b^2 + \frac{c^2 d^2}{a^2} + \frac{2dg}{a} = l, \text{ on a } h = ky,$$

$$+ ly^2; \text{ donc } y = \sqrt{\frac{h}{l} + \frac{k^2}{4l^2} - \frac{k}{2l}}.$$

SOLUTION GÉOMÉTRIQUE.

(*Fig*, 39) Parce que $\overline{AD}^2 + \overline{DC}^2 + 2AD \times DE = \overline{AC}^2 = \overline{AB}^2 + \overline{BC}^2 + 2AB \times BF$; donc $2AD \times DE - 2AB \times BF = \overline{AB}^2 + \overline{BC}^2 - \overline{AD}^2 - \overline{DC}^2$.

Il faut donc chercher une ligne L dont le carré soit égal à $\overline{AB}^2 + \overline{BC}^2 - \overline{AD}^2 - \overline{DC}^2$: alors $2AD \times DE - 2AB \times BF = L^2$; et par conséquent $DE - \frac{AB \times BF}{AD} = \frac{L^2}{2AD}$.

Mais supposant PQ perpendiculaire sur AB, et BP quatrième proportionnelle à AD, AB et BC : on aura $\frac{BA \times BF}{AD} = BQ$, et $AB \times CF = AD \times PQ$, parce que $AD : AB :: BC : BP :: CF : PQ$; ainsi on a $DE - BQ = \frac{L^2}{2AD}$; et $AD \times EC + AB \times CF = 2r^2 = AD \times EC + AD \times PQ$, alors prenant une troisième proportionnelle T à 2 AD et L, une autre V à $\frac{1}{2}$ AD et r, les résultats seront $DE - BQ = T$ et $EC + PQ = V$.

Le problème est donc réduit à trouver deux angles CDE, PBQ, dont la somme des sinus CE, PQ, et la différence des cosinus DE, BQ (répondant à des rayons donnés, mais inégaux, DC, BP), soient égales à des quantités données.

Ayant mené deux lignes qui se coupent à l'angle droit, en M, et pris MP=V, somme des sinus des angles, et MN=T, différence des cosinus; si par les centres P et N avec les rayons $BP = \frac{AB \times BC}{AD}$, et DC, on décrit deux arcs qui se coupent mutuellement en B que par ce point on mène OA parallèle à MN, et qu'on joigne par des lignes droites B et P, B et N; les angles PBO et NBO = CDE seront les deux

— 56 —

angles demandés, par la connaissance desquels on construira aisément le trapèze.

Ce problème devient impossible, lorsque les deux arcs décrits des centres P et N ne se rencontrent pas, c'est-à-dire, quand l'aire donnée est plus grande que celle du trapèze de mêmes côtés inscrit dans un cercle déterminé par le problème précédent ; mais il y a une autre limite pour la moindre valeur de l'aire (excepté un cas particulier), et le problème sera impossible quand un des deux cercles tombera entièrement dans l'autre, aussi bien qu'entièrement dehors ; mais ce dernier cas dépend entièrement de la disposition des lignes données, au lieu que la question regarde proprement la première ou plus grande limite.

PROBLÈME XXXVII.

Diviser un angle donné BAC, en deux parties BAI, CAI, de sorte que leurs sinus soient en raison donnée. (*Fig. 40*).

SOLUTION ALGÉBRIQUE.

Soit la corde BC de l'angle donné BAC égale à a, la raison donnée $m : n$ et BD $= x$: alors parce que les triangles BDE, CDF sont semblables, BD (x) : CD $(a-x)$ :: BE : CF :: $m : n$ (par l'hypothèse ; donc $nx = ma - mx$; et par conséquent $x = \dfrac{ma}{n+m}$, par le moyen de cette valeur et de ABD, qui est connu, on connaîtra l'angle BAD.

SOLUTION GÉOMÉTRIQUE.

La construction géométrique, de même que l'opération algébrique, peut se trouver en divisant la corde BC en raison de $m : n$, mais la méthode suivante est préférable.

Sur AC, je prends AG $= m$, et sur AB prolongée AH $= n$; alors menant AE parallèle à HG, l'angle sera divisé comme il est demandé, car AG (m) : AH (n) :: fin. AHG $=$ BAE : fin. AGH $=$ CAE.

Par cette construction, la solution numérique est facile, les côtés AG, AH, et l'angle compris étant connus.

PROBLÈME XXXVIII.

Diviser un angle BAC en deux parties BAG, CAG, de façon que le rectangle de leurs sinus (pour un rayon donné) soit égal à une grandeur donnée. (*Fig. 41*).

SOLUTION ALGÉBRIQUE.

Soit l'angle donné BAC et AH perpendiculaire sur la corde BC ; soient aussi BH $=$ CH $= a$, AH $= b$, BE $\times$ CF $= c^2$, et HD $= x$,

Par les triangles semblables ADH, DBE et CDF, AD $(\sqrt{b^2 + x^2})$: AH (b) : : BD $(a + x$: BE, AD $(\sqrt{b^2 + x^2})$: AH (b) : : CD $(a - x$: CF). Ainsi, multipliant les proportions l'une par l'autre, $b^2 + x^2$: b^2 : : $\overline{a + x} \times \overline{a - x}$: BE $\times$ CF $= \dfrac{b^2 \times \overline{a^2 - x^2}}{b^2 + x^2} = c^2$ donc $x = b \sqrt{\dfrac{a^2 - c^2}{b^2 + c^2}}$.

Par le moyen de cette valeur et des proportions précédentes, BE et CF seront connus.

SOLUTION GÉOMÉTRIQUE.

(*Fig. 42*), Si on mène CI perpendiculaire à AB, et FK à CI, les angles opposés CNF et ANI étant égaux, leurs compléments NCF et NAI le seront aussi : donc les triangles CFK et ABE sont semblables, et donnent AB : BE : : CF : FK, et AB $\times$ FK, et AB $\times$ FK $=$ BE $\times$ CF $= c^2$; FK sera par conséquent connu. Donc si à l'extrémité de la corde CFM, on mène MN $=$ 2FK, perpendiculaire à CI, le point N sera déterminé. Ainsi on aura la construction suivante :

Soit IL troisième proportionnelle à $\frac{1}{2}$ AB et au côté du c carré, exprimant la grandeur du rectangle proposé : soit LM perpendiculaire à AB, rencontrant l'arc BC en M ; alors par le milieu de CM menant AG, l'angle BAC sera divisé comme il est demandé.

La solution numérique est facile et courte : car ayant trouvé la valeur de IL (en divisant le rectangle donné par $\frac{1}{2}$ AB) si elle est ajoutée aux cosinus AI de l'angle donné,

— 58 —

la somme AL sera le cosinus de BM, différence des deux parties demandées. Ce problème devient impossible, quand IL est plus grand que IB, c'est-à-dire, quand le rectangle donné est plus grand que celui de AB par BI.

PROBLÈME XXXIX.

Diviser un angle MCN en deux parties MCD, NCD, de façon que leurs tangentes soient en raison donnée. (*Fig.* 43).

SOLUTION ALGÉBRIQUE.

Soit le rayon $CD = a$, la tangente de l'angle donné MCB égale à b, celle de la partie MCD égale à x, et la raison des tangentes, comme $m : n$, alors il est évident (par le problème 25) que la tangente BD de la partie restante, sera exprimé par $\dfrac{a^2 \times \overline{b-x}}{a^2 + bx}$. Ainsi on a $m : n :: x : \dfrac{a^2 \times \overline{b-x}}{a^2+bx}$, donc $nx \times \overline{a^2 + bx} = ma^2 \times \overline{b-x}$, par conséquent $x = a$

$$\sqrt{\frac{m}{n} + \frac{\overline{m+n} \times a^2}{2\,nb}} \quad \frac{\overline{n+m} \times a^2}{2\,nb}$$

SOLUTION GÉOMÉTRIQUE.

La raison de AD à BD étant donnée comme $m : n$, la raison de leur somme AB à leur différence AE (supposant DE = DB) sera donnée comme $m + n : m - n$, et si on mène NG parallèle à BA, rencontrant CE et CA en R et G, elle sera à GR dans la raison de $m + n : m - n$, il est évident que si on abaisse les perpendiculaires NP et RQ des points N et R, elle sera en même raison, d'où l'on tire la construction suivante :

Soit NP perpendiculaire à MC, qu'on prenne PH quatrième proportionnelle à $m + n$, $m - n$ et PN ; soit HR parallèle à GM, rencontrant l'arc MN en R et soit mené CD coupant NR en deux parties égales ; le problème sera résolu. Pour le calcul trigonométrique, on aura $m + n : m - n :: NP : RQ$, c'est-à-dire, $m + n$ est à $m - n$ comme le sinus de l'angle donné est au sinus de la différence des parties. Les parties seront donc connues.

PROBLÈME XL.

Diviser un angle BAC en deux parties BAP, CAP, de sorte que le rectangle de leurs tangentes (à un rayon donné) soit égal à une grandeur donnée. (*Fig. 44*).

SOLUTION ALGÉBRIQUE.

Soit le rayon AB ou AC $= a$, la tangente BK de l'angle donné BAC égale à b, et celle BD de la partie restante sera égale à $\dfrac{a^2 \times \overline{b-x}}{a^2 + bx}$ (problème 25) ; on aura donc $\dfrac{a^2 \times \overline{b-x} \times x}{a^2 \times bx}$

$= \mathrm{BD} \times \mathrm{CE} = c^2$; ainsi $bx - x^2 = \dfrac{c^2 \times a^2 + bx}{a^2} = c^2 +$

$\dfrac{bc^2x}{a^2}$, dans laquelle faisant $d = b - \dfrac{bc^2}{a^2}$, elle deviendra d

$x - x^2 = c^2$; donc $x = \dfrac{d}{2} + \sqrt{\dfrac{d^2}{4} - c^2}$.

SOLUTION GÉOMÉTRIQUE.

Si on mène une ligne DF qui fasse un angle BDF égal à l'angle CAE seront semblables, et donneront AC $\times$ BF $=$ BD $\times$ CE $= c^2$: ainsi, BF et par conséquent AF seront connus. De plus, la somme des angles BAD et BDF étant égale à l'angle donné BAC (par la supposition) et même la somme plus ADF égale à un angle droit, il est évident que ADF est égal à la différence entre l'angle donné BAC et un angle droit.

Donc ayant pris BF troisième proportionnelle à AB et au côté e du carré donné, et faisant l'angle AFO=FAC ; et du centre O avec un rayon FO décrivant un cercle coupant la tangente BK en D et D : on mènera AD, et le problème sera résolu.

Si on voulait le résoudre par la trigonométrie, on mènerait un diamètre GH coupant l'arc AF en deux parties égales en H : alors ayant trouvé AF, on fera AN ($\frac{1}{2}$AF):

DM (NB) : : fin. AH (cos. NAO) : fin. GD (cos. $\frac{1}{2}$ DD.)

— 40 —

égal au cosinus de la différence des deux angles demandés BAD et DAI : Ainsi leur somme étant aussi donnée, les deux angles sont connus.

Ce problème est impossible quand le cercle AFGO ne coupe ni ne touche la ligne BK ; c'est-à-dire lorsque le rectangle donné est plus grand que le carré de la moitié de la tangente de l'angle proposé, l'angle étant aigu, ou que le rectangle est moindre que le même carré, l'angle étant obtus.

PROBLÈME XLI.

Mener une ligne DE parallèle à une autre AI, de façon que par son intersection avec deux autres lignes AB, AC, données de position, elle forme un triangle d'une aire donnée. (*Fig.* 45.)

SOLUTION ALGÉBRIQUE.

Soit l'aire donnée égale à a^2, et les sinus des angles DAE, ADE, AED (à un rayon r), exprimées respectivement par m, n et p ; alors faisant EP perpendiculaire sur AD, et nommant AD, x ; on a, par la trigonométrie, $p : m :: x : DE = \dfrac{mx}{p}$, et $r : m :: DE : EP = \dfrac{mnx}{rp}$. Ainsi $\dfrac{mnx}{rp} \times \dfrac{x}{2} = a^2$; donc $x = \sqrt{\dfrac{2rpa^2}{mn}} = a\sqrt{\dfrac{2rp}{mn}}$.

SOLUTION GÉOMÉTRIQUE.

Soit AF perpendiculaire sur AB, égale au côté du carré exprimant l'aire donnée du triangle ADC ; alors si on prend AB égale à 2 AF, et qu'on mène FK parallèle à AB, le triangle ABK sera égale à $\overline{AF}^2$, et par conséquent au triangle ADE. De plus menant KM parallèle à AI, on aura $\overline{AD}^2 : \overline{AM}^2$ :: ADE (ABK) : AMK :: AB : AM :: AB × AM : $\overline{AM}^2$; donc $\overline{AD}^2 =$ AB × MA. C'est pourquoi AD étant moyen proportionnel entre AB et AM, si sur AB on décrit un cercle ANB qui coupe MN perpendiculaire sur AB en N, prenant AD égale a a corde AN, le problème sera résolu.

PROBLÈME XLII.

Par un point donné entre deux lignes données de position, mener une autre ligne qui fasse, avec les deux premières, un triangle d'une grandeur donnée. (*Fig.* 46.)

SOLUTION ALGÉBRIQUE.

Soient le point donné P, les lignes données de position AB et AC : soient aussi PG et PF parallèles à AC et AB, PQ et ER perpendiculaires sur AB ; je fais AG $=a$, PQ$=b$, AD $=x$, et l'aire donnée égale à c^2, alors GD $(x-a)$: PQ (b) :: AD (x) : ER $= \dfrac{bx}{x-a}$. Donc $\dfrac{bx}{x-a} \times \dfrac{x}{2} = c^2$; ainsi x^2

$-\dfrac{2c^2 x}{b} = -\dfrac{2ac^2}{b}$; et par conséquent $x = \dfrac{c^2 + c \sqrt{c^2 - 2ab}}{b}$

SOLUTION GÉOMÉTRIQUE.

Si sur AF on construit un parallélogramme AFHI égal à l'aire donnée, il est évident que retranchant AFPMI du parallélogramme AH et du triangle ADE, les restes PHM et FEP $+$ MID sont égaux ; de sorte que les triangles étant semblables entr'eux, il s'ensuit que $\overline{\text{PH}}^2 = \overline{\text{PF}}^2 + \overline{\text{ID}}^2$. Pour la construction, on décrira donc du centre F avec un rayon PH, un arc qui coupera PQ perpendiculaire à AB en N ; alors faisant ID $=$ PN, et menant DPE, on aura la position demandée. Car $\overline{\text{PH}}^2 (=\overline{\text{FN}}^2) = \overline{\text{PF}}^2 + \overline{\text{DI}}^2 (\overline{\text{PN}}^2)$. On voit que ce problème deviendra impossible, lorsque PH sera moindre que PF ; ou que le triangle demandé sera moindre que le double du parallélogramme AFPG.

PROBLÈME XLIII.

Par point donné P entre deux lignes AB, AC données de position, mener une autre ligne, de sorte que la somme des parties qu'elle coupera des deux premiers, soit égale à une quantité donnée. (*Fig.* 47.)

SOLUTION ALGÉBRIQUE.

Soit PF parallèle à AB égale à a, PG parallèle à AC égal

à b, $AD + AE = c$, et $AD = x$; à cause des parallèles on aura $DG\ (x-a) : PG\ (b) :: AD\ (x) : AE = \dfrac{bx}{x-a}$. Donc $\dfrac{bx}{x-a} + x = AE + AD = c$, qui étant réduite, donne $x^2 - \overline{c+a-b} \times x = -ac$, et par conséquent $x = \dfrac{c+a-b^2}{2} + \sqrt{\dfrac{\overline{c+a-b}^2}{4} - ac}$.

SOLUTION GÉOMÉTRIQUE.

Les triangles DPG et PFE étant semblables, le rectangle de DG par FE, sera égal au rectangle connu $AF \times AG = \overline{AR}^2$, en prenant une moyenne entre $MA = AF$ et AG.

De plus, si on fait MN égal à la somme de AD et de AE, il est évident que la somme de DG et de FE, dont le produit est connu, sera aussi déterminée égale à GN.

Donc ayant décrit un demi-cercle sur GN, et mené RS parallèle à AB, coupant la circonférence en S; soit par ce point abaissé sur BA la perpendiculaire SD, alors par P menant la ligne DPE, elle satisfera aux conditions du problème. Car $DG \times DN = \overline{DS}^2 = \overline{AR}^2 = AM \times AG = AF \times AG = DG \times EF$; ainsi $EF = DN$; par conséquent $AD + AE = AD + AF + DN$.

Le problème serait impossible si RS ne rencontrait point le demi-cercle GN, ou si la somme de AD et AE surpassait celle de AG et de AF d'une quantité moindre que le double de la moyenne AR.

On peut résoudre le problème de la même manière, quand on connaît la différence, la raison ou le rectangle de AD et de AE.

PROBLÈME XLIV.

Par un point donné P, entre deux lignes AD, AF de position, mener une autre ligne, de façon que le rectangle de ses parties coupées au point donné, soit égal à une grandeur donnée. (*Fig.* 48).

SOLUTION ALGÉBRIQUE.

Soient PF et PH parallèles à AC et AB; et PG perpendiculaire à AB : alors nommant PF, a; PH, b; FG, c, et BF, x, on aura $\overline{BP}^2 = a^2 + x^2 - 2cx$, et par les triangles semblables, BF (x) : BP : : PH (b) : CP $= \dfrac{b}{x} \times$ BP, par conséquent BP $\times$ CP $= \dfrac{b}{x} \times \overline{BP}^2 = \dfrac{b}{x} \times a^2 + x^2 - 2cx$; ainsi la valeur de BP $\times$ CP étant d^2, on aura $\dfrac{d^2 x}{b} = a^2 + x^2 - 2cx$, qui donnera $x = -\dfrac{d^2}{2b} + c \pm \sqrt{\overline{\dfrac{d^2}{2b} + c}^2 - a}$.

SOLUTION GÉOMÉTRIQUE.

Le rectangle de deux lignes inconnues étant donné, on en peut trouver une autre, laquelle avec une ligne donnée dans la figure, formera un rectangle égal.

Comme dans ce cas, la ligne AP est connue de grandeur et de position, soit le rectangle de cette ligne par son prolongement PQ égal à BP $\times$ CP; alors on aura PQ $= \dfrac{d^2}{AP}$; et menant la ligne QC, les triangles PQC, PBA seront semblables, parce que AP : BP : : CP : PQ; de sorte que l'angle PCQ étant égal à l'angle donné PAB, il est évident que le segment de cercle décrit sur PQ, capable de contenir un angle égal à l'angle donné, touchera AE ou le coupera dans des points qui satisferont à la question.

Ce problème sera donc impossible, lorsque le cercle décrit ne rencontrera pas AE; ou ayant égard à la solution algébrique, lorsque $\overline{\dfrac{d^2}{2b} + c}^2 - a^2$ sera négatif, c'est-à-dire, quand le rectangle proposé est moindre que $2b \times a - c$ ou son égal 2PH $\times \overline{PF} - \overline{FG}$.

PROBLÈME XLV.

L'aire a^2 d'un triangle rectangle ABC, dont les côtés sont

— 44 —

en progression arithmétique, étant donnée, déterminer le triangle. (*Fig. 49*).

SOLUTION ALGÉBRIQUE.

Soit le moyen côté $AB = x$, la différence commune y, et par conséquent $BC = x - y$ et $AC = x + y$; et soit l'aire donnée égale à a^2; donc $\overline{x+y}^2 = \overline{x-y}^2 + x^2$ et $\frac{1}{2} x \times x - y = a^2$. Par la première de ces équations, on a $x^2 + 2xy + y^2 = 2x^2 - 2xy^2 + y^2$; et par conséquent $4y = x$: ainsi substituant cette valeur pour x dans la seconde équation, on trouvera $2y \times 3y = a^2$; donc $y = \sqrt{\dfrac{a^2}{6}}$; et $x = 4y = 4 \sqrt{\dfrac{a^2}{6}}$ Donc $BC = 3 \sqrt{\dfrac{a^2}{6}}$, $AB = 4 \sqrt{\dfrac{a^2}{6}}$, et $AC = 5 \sqrt{\dfrac{a^2}{6}}$.

SOLUTION GÉOMÉTRIQUE.

On sait que $\overline{AC + BC} \times \overline{AC - BC} = \overline{AC}^2 - \overline{BC}^2 = \overline{AB}^2$, et par la supposition $AC + BC = 2 AB$, parce que AB est moyen arithmétique entre AC et BC; donc $2 AB \times \overline{AC - BC} = \overline{AB}^2$; par conséquent $AC - BC = \frac{1}{2} AB$, laquelle équation étant retranchée de $AC + BC = 2 AB$, donnera $2 BC = \frac{1}{2} AB$; ainsi $3 AB = 4 BC$. Mais $\frac{1}{2} AB \times BC = \frac{2}{3} BC \times BC = \overline{BD}^2 = a^2$; donc $\overline{BC}^2 = \frac{3}{2} \overline{BD}^2$. Ainsi, si on prend BH à BD en raison de $3 : 2$, une moyenne proportionnelle BC entre BD et HB, sera le plus petit côté du triangle demandé, et le plus grand étant à celui-ci en raison de $4 : 3$, sera aussi connu.

PROBLÈME XLVI.

L'aire d'un triangle rectangle ABC, dont les côtés sont

— 45 —

en proportion géométrique, étant donnée, déterminer le triangle. (*Fig.* 50.)

SOLUTION ALGÉBRIQUE.

Je fais $AC = x$, l'aire donnée égale à a^2; donc $BC = \dfrac{2a^2}{x}$, et $AB = \sqrt{x^2 + \dfrac{4a^4}{x^2}}$. Donc par supposition $\dfrac{2a^2}{x}$:

$x :: x : \sqrt{x^2 + \dfrac{4a^4}{x^2}}$; ainsi $x^2 = \dfrac{2a^2}{x} \sqrt{x^2 + \dfrac{4a^4}{x^2}}$; $x^4 = \dfrac{4a^4}{x^2} \times \dfrac{x^4 \times 4a^4}{x^2}$; et $x^8 - 4a^4 x^4 = 16\,a^8$; par conséquent $x^4 - 2a^4 = a^4 \sqrt{20}$, et $x = a \times \sqrt[4]{2 + \sqrt{20}}$.

SOLUTION GÉOMÉTRIQUE.

Puisque par l'hypothèse $AB : AC :: AC : BC$; donc $\overline{AB}^2 : \overline{AC}^2 :: \overline{AC}^2 : \overline{BC}^2$. Mais CD étant perpendiculaire sur AB, donnera $\overline{AC}^2 = AB \times AD$; et $\overline{BC}^2 = AB \times BD$. Par conséquent $\overline{AB}^2 : AB \times AD :: AB \times AD : AB \times BD$, ou $AB : AD :: AD : BD$; d'où on tire la construction suivante :

Soit menée une ligne quelconque EG, divisée en F en moyenne et extrême raison, de façon que EG soit à $EF ::$ $EF : FG$. Soit de plus FC perpendiculaire, alors décrivant sur EG une demi-circonférence coupant FC en C, joignant E, C et G, C; et menant à EG la parallèle AB qui coupe un triangle $ABC = a^2$, le problème sera construit; car il est évident que AB est divisé en même raison que EG, donc $AB :$ $AD :: AD : DB$.

PROBLÈME XLVII.

Connaissant un côté AC d'un triangle ABC, l'angle opposé, et le côté du rhombe inscrit, connaître les autres côtés du triangle. (*Fig.* 51).

SOLUTION ALGÉBRIQUE.

Si l'on conçoit un cercle ABCI circonscrit au triangle, et la diagonale du rhombe prolongée jusqu'à sa circonférence

en I, et que AI et CI soient menées; lesquelles seront égalés entr'elles, comme étant cordées des arcs AI et CI, qui soutiennent des angles égaux IBA, IBC, formés par la diagonale et les côtés du rhombe; par conséquent IAC=IBA, et les triangles IAD, IAB sont semblables.

Mais l'angle AIC au sommet du triangle isocèle ACI (de même que la base AC) est donné, étant égal à deux angles droits, moins ABC; par conséquent IA sera aussi donnée par la trigonométrie.

Prenant donc IA=a, BD=b, et IB=x; par les triangles semblables on a $x - b$ (ID) $\bullet$ a (IA) $\bullet\bullet$ a (IA) $\bullet$ x (IB).

Ainsi $x^2 - bx = a^2$, et $x = \sqrt{a^2 + \frac{1}{4}b^2} + \frac{1}{2}b$, par laquelle valeur, et celle de IA, et l'angle ABI la valeur de AB, etc., sera aussi connu.

SOLUTION GÉOMÉTRIQUE.

Par la proportion précédente BI $\times$ ID $= \overline{\text{AI}}^2$; ainsi ayant, sur le côté AC, décrit un segment ABC de cercle capable de contenir l'angle donné ABC, et dans l'autre segment AIC ayant construit un triangle isocèle AIC, faites IG perpendiculaire à IA, et égale à la moitié de la diagonale BD du rhombe: de plus, sur le prolongement de GI prenez GH = GA, et du centre I avec la distance IH, décrivez un arc qui coupera ABC en B, après quoi vous tirerez BA et BC les côtés demandés.

PROBLÈME XLVIII.

Par deux points donnés A, B, mener deux lignes droites qui se rencontrent sur une autre droite DE donnée de position, et qui fassent entr'elles un angle donné. (*Fig.* 52).

SOLUTION ALGÉBRIQUE.

Soient AM et BN perpendiculaires abaissées de points donnés sur la ligne donnée de position DE, AF parallèle à BC; alors nommant AM, a; BN, b; MN, c; et MC, x; on aura b $\bullet$ $c - x$ (NC) $\bullet\bullet$ a : MF $= \dfrac{ac - ax}{b}$: mais MF et

— 47 —

MC sont tangentes des angles MAF, MAC; qui, prises ensemble, forment l'angle FAC = ACB, à cause des parallèles FA et CB; donc si la tangente de l'angle donné avec un rayon AM, est égal à t, on aura, par le problème 25,

$$\frac{\overline{MC+MF} \times \overline{AM}^2}{\overline{AM}^2 - MC \times MF} = t; \text{ c'est-à-dire, } \frac{x + \dfrac{ac - ax \times a^2}{b}}{\dfrac{a^2 - acx - ax^2}{b}} =$$

$$\frac{\overline{bx - ax + ac} \times a}{ab - cx + x^2} = t, \text{qui étant réduite, donne } \frac{\overline{b-a}\,x}{t} +$$

$$\frac{a^2 c}{t} = x^2 - cx + ab. \text{ Ainsi faisant } c + \frac{\overline{b-a} \times a}{t} = d \text{ et } a$$

$$\times \frac{ac}{t} - b = f, \text{ on a } f = x^2 - dx; \text{ et par conséquent } x =$$

$$\frac{d}{2} \pm \sqrt{f + \frac{d^2}{4}}.$$

Lorsque MN est parallèle à la ligne qui joint les points A et B; BN (b) devient égale à AM (a), et on a dans ce cas d $= c$ et $f = \dfrac{ac}{t} - a^2$: donc $x = \dfrac{c}{2} \pm \sqrt{\dfrac{a^2 c}{t} - a^2 + \dfrac{c^2}{4}}$;

qui peut être un théorème pour trouver les segments de la base d'un triangle, et par conséquent le triangle lui-même quand on connaît la base, la perpendiculaire et l'angle au sommet.

SOLUTION GÉOMÉTRIQUE.

La construction de ce problème général est très-facile; car un segment de cercle décrit sur AB, et capable de contenir l'angle donné, coupera DE, ou le touchera simplement au point demandé, car le problème sera impossible lorsque le cercle ne rencontrera pas DÉ, et par conséquent l'angle ACB sera le plus grand qu'il soit possible, quand le cercle touche seulement la ligne, ou quand DC est moyen proportionnel entre DA et DB.

PROBLÈME XLIX.

Trouver un point C dans une ligne DE donnée de posi-

— 48 —

tion, de sorte que la différence de deux lignes menées de deux points donnés A, B à ce point, soit une grandeur donnée. (*Fig.* 53.)

SOLUTION ALGÉBRIQUE.

Soient AR et BS perpendiculaires à DE, et soient ces perpendiculaires et RS qui sont connues par la position de DE, désignées par a, b et c respectivement ; alors prenant AC $= x$, on a RC $= \sqrt{\overline{AC}^2 - \overline{AR}^2} = \sqrt{x^2 - a^2}$, et SC $= \sqrt{x^2 + 2}$ $\overline{dx + d^2 - b^2} = c - \sqrt{x^2 - a^2}$, cette équation étant carrée, donne $x + 2 dx + d^2 - b^2 = c^2 - 2 c \sqrt{x^2 - a^2} + x^2 - a^2$, laquelle étant réduite devient $2 c \sqrt{x^2 - a^2} = b^2 - a^2 - d^2 + c^2 - 2 dx$, ou $\sqrt{x^2 - a^2} = m - nx$, en divisant par $2 c$, et faisant $\dfrac{b^2 - a^2 - d^2 + c^2}{2 c} = m$ et $\dfrac{d}{c} = n$.

Donc en carrant, on aura $x^2 - a^2 = m^2 - 2 mnx + n^2 x^2$; ainsi $\overline{1 - n^2} \times x^2 + 2 mnx = a^2 + m^2$, ou $x^2 + \dfrac{2 mnx}{1 - n^2} = \dfrac{a^2 + m^2}{1 - n^2}$, et par conséquent $x = \sqrt{\dfrac{a^2 + m^2}{1 - n} + \dfrac{m^2 n^2}{\overline{1 - n}^2}}$ $\dfrac{mn}{1 - n^2}$.

SOLUTION GÉOMÉTRIQUE.

(*Fig.* 54). Si on joint les points A et B et que AB soit coupée en deux parties égales en F et qu'on mène la perpendiculaire CM, on sait par la géométrie élémentaire, que $FM = \dfrac{\overline{BC + AC} \times \overline{BC - AC}}{2 \, AB}$: donc puisque BC $-$ AC $=$ PQ, et que BC $+$ AC $=$ PQ $+ 2$ AC, il s'ensuit que FM $= \dfrac{\overline{PQ + 2 \, AC} \times PQ}{2 \, AB} = \dfrac{\overline{PQ}^2}{2 \, AB} + \dfrac{AC \times PQ}{AB}$.

Mais les valeurs de AB et de PQ étant données, celle de

$\dfrac{\overline{PQ}^2}{2AB}$ (troisième proportionnelle à 2 AB et PQ) sera aussi donnée.

Soit donc cette valeur égale à FG, de façon que FM $=$ FG $+\dfrac{AC \times PQ}{AB}$; c'est-à-dire GM : AC :: PQ : AB. Élevant GH perpendiculaire sur AB, la raison de GM à HC, sera aussi connue par la position de la ligne DE; ainsi la raison de CH à AC (côtés du triangle AHC) sera déterminée; car faisant GI $=$ PQ, et élevant IK perpendiculaire à AB, on aura $\dfrac{HC}{HK} = \dfrac{GM}{GI} = \dfrac{GM}{PQ} = \dfrac{AC}{AB}$, et par conséquent HC : AC :: HK : AB.

Si on mène KL parallèle à AC rencontrant HA prolongée en L, on aura HC : AC :: HK : KL. Donc KL $=$ AB; ce qui donne la construction suivante.

Après avoir fait FG $= \dfrac{\overline{PQ}^2}{2\,AB}$, GI $=$ PQ, et élevé les perpendiculaires GH et IK, on mènera HA, du centre K avec un rayon AB, on décrira un arc coupant HA prolongée en L; alors menant LK et sa parallèle AC, celle-ci coupera DE au point demandé.

De cette construction, on peut tirer la façon suivante de résoudre le problème par la trigonométrie.

Soit FG $= \dfrac{\overline{PQ}^2}{2\,AB}$ soustrait de FD et de FA, les restes GD et GA seront connus, et alors GD : GA :: tang. DHG (ou cot. D) : tang. AHG; donc on connaîtra LHK, et puisque sin. DHG (ou cof. D) : ray. :: IG (PQ) : HK la valeur de HK, de même que celle de KL et l'angle HKL seront connus, par ce moyen deux angles du triangle étant trouvés, l'angle DAC $=$ ECA $-$ D $=$ HKL $-$ D, sera facile à connaître. Il est évident que la différence donnée ne peut surpasser la distance BA : mais lorsque la ligne DE passe entre A et B, les limites seront moindres; il sera aisé dans chaque cas de les déterminer par la position de la ligne DE. Il est à remarquer que la solution ci-dessus ne satisfait point au cas

— 50 —

ou DE est perpendiculaire sur AB, celui où la solution générale est la plus simple ; mais ici l'opération devient plus facile et plus expéditive ; car la position de MC (avec qui DE
est supposé se confondre) est actuellement connue : de même

que $AC = \dfrac{GM \times AB}{PQ}$, et si du point A pris pour centre avec

le rayon AC, on décrit un arc, il coupera MC ou DC au
point demandé.

PROBLÈME L.

De deux points donnés AC sur le diamètre EF d'un cercle, mener deux lignes qui se rencontrent sur la circonférence, de façon que leur différence soit une grandeur donnée qui ne peut être plus grande que la distance des deux
points. (*Fig. 55.*)

SOLUTION ALGÉBRIQUE.

Soit EF le diamètre, et les deux points donnés A et C.
Soit aussi $AB = a$, $BC = b$, $AC = c$, le ray. $BD = r$, $AD = x$,
et $CD = x \times d$; d étant la différence donnée. Alors, par le premier lemme, on a $x^2 \times b + \overline{x + d}^2 \times a = abc + cr^2$; ou

$b x^2 + a x^2 + 2 a d x + a d^2 = a b c + c r^2$. Ainsi $x^2 + \dfrac{2 a d x}{c}$

$= ab + r^2 - \dfrac{a d^2}{c}$, et par conséquent $x = \sqrt{ab + r^2 - \dfrac{abd^2}{c^2}}$

$- \dfrac{ad}{c}$.

SOLUTION GÉOMÉTRIQUE.

La construction géométrique se déduit du même lemme,
par lequel il est évident que $\overline{AD}^2 \times \dfrac{BC}{AB} + \overline{CD}^2 = \overline{AC \times BC} +$

$\dfrac{AC \times \overline{BD}^2}{AB} = AC \times BC + AC \times BG = AC \times \overline{BC + BG} =$

$AC \times GC$ en faisant $BG = \dfrac{\overline{BD}^2}{AB}$.

Donc ayant pris BG, troisième proportionnelle à AB et à

BD, et CL moyenne entre AG et CG : menez BK perpendiculaire à GF, rencontrant en K la circonférence du demi-cercle décrit sur AC, et ayant mené AKM, et pris AH égal à la différence donnée, du centre H avec le rayon LC, soit décrit un arc coupant AK en M ; de ce point abaissant sur GM la perpendiculaire MN, et du centre A avec AN pour rayon, décrivant un arc qui coupera la circonférence donnée au point D, le problème sera résolu.

Car $AB : BC : \overline{AB}^2 : AB \times BC = \overline{BK}^2 : \overline{AN}^2 = \overline{AD}^2 : \overline{NM} = \overline{AD}^2$ $\times \dfrac{BC}{AB}$, et $\overline{NM}^2 \left(\overline{AD}^2 + \dfrac{BC}{AB} \right) + \overline{HN}^2 = AC \times CG = \overline{AD}^2 \times \dfrac{CB}{AB}$ $+ \overline{CD}^2$; donc $CD = HN = AN + AH = AD + AH$, et par conséquent $CD - AD \times AH$, différence donnée par la construction.

La méthode du calcul est aisée par cette construction ; car ayant calculé $BG = \left(\dfrac{\overline{BD}}{AB} \right)^2$ $HM = \left(\sqrt{\overline{CA} \times \overline{CB} \times \overline{BG}} \right)$ et l'angle BAK (par la supposition $AB : BC :: \overline{ray}^2 : \overline{tang}^2$. BAK), alors connaissant dans le triangle HAM deux côtés et un angle, le reste est connu.

PROBLÈME LI.

Du milieu F et des extrémités A, B d'une droite donnée, mener trois lignes à un point sur une autre droite DE donnée de position, de façon qu'elles soient en proportion connue (*Fig.* 56).

SOLUTION.

Puisque $\overline{BC}^2 + \overline{AC}^2 = 2 \overline{FC}^2 + 2 \overline{BF}^2$, et $BC \times AC = \overline{FC}^2$; il est évident que $\overline{BC}^2 - 2 BC \times AC + \overline{AC}^2 = 2 \overline{BF}^2$, ou $\overline{BC} - \overline{AC}^2 = 2 \overline{BF}^2 = \overline{BG}^2$, en prenant BG égale à la diagonale du carré de BF.

Ainsi $BC - AC = BG$ étant donné, ce problème se réduit au quarante-neuvième, auquel je renverrai, pour le reste de la solution. Il est évident qu'on pourrait déterminer

— 52 —

de même un point sur la circonférence d'un cercle donné, dont le centre serait sur une droite AB, de sorte que les lignes menées de ce point aux points donnés, seraient en proportion continue.

PROBLÈME LII.

De deux points donnés A, B dans un cercle donné, mener deux lignes qui se rencontrent sur la circonférence, de façon que la somme de leurs carrés soit une quantité donnée. (*Fig. 57.*)

SOLUTION ALGÉBRIQUE.

Soit menée par les points donnés la ligne EF, rencontrant la circonférence du cercle en E et F, à laquelle on mènera le diamètre PQ parallèlement, et soit menée la corde GG coupant perpendiculairement le diamètre et la droite EF en D et H.

Alors faisant $EF = a$, $EA = b$, $EB = c$, $DH = d$, $ED = x$, $DC = y$, et la quantité donnée $\overline{AC}^2 + \overline{BC}^2 = e^2$, on aura $DF = a - x$, $DA = b - x$, $DB = c - x$, et $DG = y + 2d$.

Mais $ED \times DF = CD \times DG$, et $\overline{DA}^2 + \overline{DC}^2 + \overline{DB}^2 + \overline{DC}^2 = \overline{AC}^2 + \overline{BC}^2$, c'est-à-dire $\left\{ \begin{array}{l} x \times \overline{a - x} = y \times \overline{y + 2d} \\ b - x^2 + y^2 + c^2 + c - x^2 + y^2 \end{array} \right.$ $= e^2$, on a $x - x^2 = y^2 + 2dy$, et $2x^2 + 2y^2 - 2bx - 2cx = e^2 - b^2 - e^2$. Ainsi, ajoutant à la dernière le double de la première, on a $2ax - 2bx - 2cx = e^2 - b^2 - c^2$ $+ 4dy$, et par conséquent $y = \dfrac{b^2 + c^2 - e^2}{4d} + \dfrac{a - b - c}{2d} \times x$ $= f + gx$ (faisant $\dfrac{b^2 + c^2 - e^2}{4d} = f$ et $\dfrac{a - b - c}{ad} = g$) présentement de cette valeur de y substituée dans la première équation, viendra $ax - x^2 = f^2 + 2fgx + g^2x^2 + 2df$ $+ 2dgx$, ou $\overline{1 + g^2} \times x^2 + \overline{2dg + 2gf - a} \times x = -f^2$ $- 2df$, dans laquelle substituant m et n pour $1 + g^2$, $a - 2$

$dg - 2\,gf$, et p pour $f \times f + 2\,d$, la valeur de x sera $\dfrac{n}{2\,m}$

$$\pm\sqrt{\dfrac{n^2}{4\,m^2} - \dfrac{p}{m}}.$$

SOLUTION GÉOMÉTRIQUE.

(*Fig.* 58). Le sommet d'un triangle dont la base et la somme des carrés des deux côtés sont donnés, est sur la circonférence d'un cercle qui a pour centre celui de la base, parce que la ligne menée au sommet du milieu de la base, est une quantité invariable.

Soit donc AB coupée en deux également par la perpendiculaire IMN, et MR et MN égaux chacun à la moitié du côté c du carré donné, alors menant NR et du point A à MI, menant AK = NR; si du centre M avec le rayon MK, on décrit un arc, il rencontrera le cercle donné au point demandé; car AC, BC et MC étant menées, on aura $\overline{AC}^2 + \overline{BC}^2 = 2\overline{AM}^2$ $+ 2\,\overline{CM}^2 = 2\overline{AM}^2 + 2\,\overline{MK}^2 = 2\overline{AK}^2 = 2\overline{RN}^2 = 4\overline{RM}^2 = e^2$. La solution demande que $MC = \sqrt{\dfrac{c^2}{2} - \overline{AM}^2}$ soit plus grand que la différence, et moindre que la somme du rayon du cercle donné et de la différence du point M au centre.

PROBLÈME LIII.

Mener une droite par un point donné, de sorte que le rectangle des perpendiculaires menées des deux autres points donnés sur cette ligne, soit une grandeur donnée. (*Fig.* 59).

SOLUTION ALGÉBRIQUE.

Soit le premier point donné A, les deux autres B et C; qu'on prolonge BA et CQ jusqu'en E, et qu'on élève sur BE la perpendiculaire CF, laquelle et le segment AF sont donnés par la position des points donnés.

Supposant donc $CF = a$, $AF = b$, $AB = c$, $EF = x$, on aura $CF = \sqrt{a^2 + x^2}$; alors par les triangles semblables

$$CE : EF :: AB : BP = \dfrac{cx}{\sqrt{a^2 + x^2}}, \quad CE : EF :: AE : EQ =$$

$$\frac{x \times b + x}{\sqrt{a^2 + x^2}} : \text{ ainsi } CQ = CE - EQ = \sqrt{a^2 + x^2} - \frac{bx + x^2}{\sqrt{a^2 + ^2}}$$

$$= \frac{a^2 - bx}{\sqrt{a^2 + x^2}} ; \text{ et par conséquent } BP \times CQ = \frac{cx \times a^2 - bx}{a^2 + x^2}$$

$= g^2$, en supposant g^2 égal au rectangle proposé. Par cette équation, faisant $d = \dfrac{a^2 c}{bc + g^2}$, et $f = \dfrac{a^2 g}{bc + g^2}$, la valeur de x sera $\dfrac{1}{2} d \pm \sqrt{\dfrac{1}{4} d^2 - fg}$.

SOLUTION GÉOMÉTRIQUE.

Si on mène QM parallèle à AB, le triangle CQM sera semblable au triangle ABP, et par conséquent $AB \times QM = BP \times CQ = g^2$. Ainsi QM est connue, ce qui donne la construction suivante :

Soit FD, prolongement de BF, égale au double de la troisième proportionnelle à AB, et au côté g du carré donné; soit DG parallèle à FC, coupant en G la demi-circonférence, décrite du centre A avec le rayon AC, alors menant CG et la perpendiculaire PQ, le problème sera résolu.

Pour le calcul trigonométrique, on aura AF : AD (AF + FD) :: cos. HGC : cos. HC, différence entre les angles BAP (HAQ) et CAQ, desquels connaissant ainsi la somme, ils seront connus eux-mêmes.

Ce problème sera impossible, lorsque FD sera plus grand que FH; c'est-à-dire lorsque le rectangle proposé sera plus grand que celui de AB par FH.

PROBLÈME LIV.

Deux lignes, menées d'un point donné, étant données de grandeur et de position, en mener une autre par le même point, de façon que les deux perpendiculaires abaissées des extrémités des deux premières, forment des triangles égaux. (*Fig.* 60.)

SOLUTION ALGÉBRIQUE.

Soit le point donné A, les deux lignes données AB et AC;

soient BA et CQ prolongées en E : et sur BE abaissée la perpendiculaire CF ; alors faisant $CE = a$, $AF = b$, $AB = c$, et $EF = x$, les aires des triangles semblables sont en raison des carrés des côtés homologues ; ainsi les triangles AEQ, ABP étant semblables au triangle CEF, on a $\overline{CE}^2 (a^2 + x^2)$:

$\frac{1}{2} CF \times EF \left(\frac{1}{2} ax \right) :: \overline{AB}^2 (c^2) : ABP \left(\frac{\frac{1}{2} ac^2 x}{a^2 + x^2} \right)$; et a^2

$+ x^2 : \frac{ax}{2} :: x + b^2 = \overline{AE}^2 AEQ = \frac{\frac{1}{2} ax \times x + b^2}{a^2 + x^2}$; l'aire

du triangle AEC étant $\frac{a}{2} \times x + b$; celle de ACQ sera...

$\frac{\frac{a}{2} \overline{\times x + b} \times \overline{a^2 - bx}}{a^2 + x^2}$, qui étant égal à ABP, par la suppo-

sition, on a $\overline{x + b} \times \overline{a^2 - bx} = c^2 x$. Ainsi prenant $d = \frac{c^2 - a^2}{b}$

$+ b$, on aura $x = \sqrt{a^2 + \frac{d^2}{4}} - \frac{d}{2}$.

SOLUTION GÉOMÉTRIQUE.

(*Fig.* 61). Ayant abaissé A b perpendiculaire sur AB, et qui lui soit égale, et bp sur PQ les triangles A bp, ABP seront semblables et égaux entr'eux, et par conséquent égaux à ACQ, en retranchant successivement ces triangles égaux du trapèze Ab, CQ, les restes pb CQ et ACb sont égaux.

Ainsi, il est évident que le parallélogramme sous Cb et DE, dont l'angle est CDE (supposant DE parallèle et moyenne arithmétique entre CQ et bp) est égal au triangle ACB, et par conséquent sa hauteur n'est que la moitié de celle du triangle : ainsi le point E sera sur la circonférence d'un demi-cercle décrit sur le diamètre AD, dont FE étant un rayon, est égale à AF ; et par conséquent DG = AD (en supposant DC prolongée à la rencontre de AQ en G).

Donc, pour construire le problème, après avoir abaissé la perpendiculaire A b égale à AB, et mené AD au milieu de de CB, si on prolonge DC jusqu'à ce que DG = DA, le problème sera résolu.

Il arrive souvent que la démonstration d'une construction géométrique, pour être plus nette et élégante, se sert de principes bien différents de ceux qui ont servi à sa construction, comme dans ce cas-ci ; car, par les triangles semblables, il est évident que GQ (Ap) : QC : : Gp (AQ) : bp : donc

$$\frac{1}{2} \, AQ \times QC = \frac{1}{2} \, Ap \times pb = \frac{1}{2} \, PB \times AP.$$

Nota. Si AB et AC étaient des demi-diamètres conjugués d'une ellipse, la ligne PAQ, déterminée comme ci-dessus, serait la position du grand axe : et si sur Cb on décrivait un demi-cercle coupant AD en H et en K, AH et AK seraient égales à la moitié des deux axes.

On peut encore de là déduire aisément plusieurs propriétés utiles des diamètres conjugués d'une ellipse, telles que la somme des carrés de deux diamètres conjugués quelconques est égale à la somme des carrés des deux axes ; et d'un parallélogramme décrit autour des diamètres conjugués, est égal au rectangle des deux axes, et plusieurs ; mais ces matières ne sont pas propres à être placées en ce lieu.

Quoi qu'il en soit, il n'est pas hors de propos d'observer que le dernier problème est toujours possible, excepté les deux cas où les lignes données sont perpendiculaires et en lignes droites.

PROBLÈME LV.

Si aux extrémités M, m, de deux droites données AM, Am, faisant un angle aussi donné, on élève deux perpendiculaires qui se coupent, on demande de trouver la distance du point d'intersection au sommet de l'angle donné. (*Figure* 62.)

SOLUTION ALGÉBRIQUE.

Puisque les angles AMC et AmC sont droits, la circonférence du cercle qui aura pour diamètre AC, passera par les points M et m ; donc si on mène Mm et la perpendiculaire mE sur AM, les triangles AmC et MEm seront semblables à cause des angles égaux ACm et EMm faits sur le même arc Am, et des angles droits AmC et mEM.

Si présentement $mE : AM :: s : r$ et $AE : Am :: c : r$, on aura $AE = \frac{c}{r} \times mA$; donc $\overline{Mm}^2 = \overline{Am}^2 + \overline{AM}^2 - AM \times 2AE$

$= \overline{AM}^2 + \overline{Am}^2 - \frac{2c}{r} \times MA \times mA$; ainsi à cause des triangles nommés, on aura $mE : \overline{Am}^2 :: s^2 : r^2 :: \overline{Mm}^2 : \overline{AC}^2 = \frac{r^2}{s^2} \times \overline{AM+Am}^2 = \frac{2rc}{s^2} \times AM \times Am$. Ainsi AC est déterminée.

PROBLÈME LVI.

Trouver un point C par lequel les trois lignes menées à trois autres points soient en raison de trois quantités données. (*Fig.* 63).

SOLUTION ALGÉBRIQUE.

Soient les raisons données des lignes a, b, e. Soient joints par les points donnés A, B, E : alors faisant $AB = f$, $AE = g$, et $Ac = x$, on aura $BC = \frac{bx}{a}$, et $EC = \frac{ex}{a}$ par la supposition, mais $AM = \frac{1}{2} AB + \frac{\overline{AC}^2 - \overline{BC}^2}{2 AB} = \frac{f}{2} + \frac{a^2 - b^2}{2a^2 f} \times x^2$.

Supposant Cm et CM perpendiculaires sur AE et AB respectivement; $Am = \frac{1}{2} AE + \frac{\overline{AC}^2 - \overline{EC}^2}{2 AE} = \frac{g}{2} + \frac{\overline{a^2 - c^2} \times x^2}{2a^2 g}$.

Ainsi prenant $\frac{a^3 f}{a^2 - b} = h$, $\frac{a^2 g}{a^2 - c^2} = k$, et $z = \frac{f}{2} + \frac{\overline{a^2 - b^2} \times x^2}{2a^2 f} = AM = \frac{f}{2} + \frac{x^2}{2h}$: on a $x^2 = 2hz - fh$;

donc $AM = \frac{g}{2} + \frac{x^2}{2k} = \frac{g}{2} + \frac{2hz - fh}{2k} = l + \frac{hz}{k}$, faisant $l = \frac{g}{2} - \frac{fh}{2k}$.

Maintenant puisque (par le dernier problème) $\overline{AM}^2 + \overline{Am}^2 - \frac{2c}{r} \times AM \times Am = \frac{s^2}{r^2} \times \overline{AC}^2$ (s et c étant le sinus et

cosinus de l'angle donné MAm et r le rayon), on aura l'équation suivante, en substituant les valeurs trouvées de AM,

Am et AC, $z^2 + l + \dfrac{\overset{-2}{hz}}{k} - \dfrac{2cz}{r} \times l + \dfrac{hz}{k} = \dfrac{s^2}{r^2} \times \overline{2hz - fh}$,

laquelle étant résolue, donnera la valeur de z, et par conséquent la position du point D.

SOLUTION GÉOMÉTRIQUE.

(*Fig.* 64). Si sur AB on prend AF $= a$, et qu'on mène FH faisant un angle AFH égal à l'angle ACB, et rencontrant AC en H, il est évident, par les triangles AFH, ACB, que FH $= b$. De plus, si on mène aussi HG, faisant l'angle AHG $=$ AEC, les lignes HG et AG seront connues ; car puisque GA : AH : : AC : AE et AF : AH : : CA : AB, il s'ensuit que AG : AF : : AB : AE ; ainsi AG est donné, et on aura a : e : : AC : EC : : AG : HG, ce qui fera connaître HG.

CONSTRUCTION.

Prenez AF $= a$ l'angle AFG $=$ AEB, AI $= e$, et IK parallèle à FG ; décrivez aussi des centres F et G avec des rayons b et AK des arcs, et par le point d'intersection H, tirez HF, et HA, alors menant BC qui fasse avec AC un angle ABC $=$ AHF, AH sera coupé au point demandé.

Comme la solution trigonométrique est évidente par la construction, elle n'a pas besoin d'explication. Il sera à propos, cependant, d'observer que ce problème est impossible, lorsque les deux arcs ne se coupent ni ne se touchent ; c'est-à-dire lorsque FG est plus grand que la somme de AK et de b, ou moindre que leur dfiférence.

PROBLÈME LVII.

Trois points étant donnés, on demande d'en déterminer un quatrième, de sorte que les lignes menées de celui-ci aux trois premiers, aient des différences données. (*Fig.* 63).

SOLUTION ALGÉBRIQUE.

Supposant que les points donnés A, B, E soient joints par

— 59 —

deslignes droites, et nommant AB, a; AE, b; AC, x; BC, $x+p$, et EC, $x+q$ (p et q étant les différences données), Si sur AB et AE on abaisse les perpendiculaires CM et Cm, on aura, par les triangles semblables, AB (a) : BC + AC ($2x$ + p) :: BC — AC (p) : BM — AM $= \dfrac{2px+p^2}{a}$: ainsi AM $= \dfrac{1}{2}a - \dfrac{2px+pa}{2a}$; et par un raisonnement semblable Am = $\dfrac{1}{2}b - \dfrac{aqx+q^2}{2b}$, dans lesquelles prenant $f = \dfrac{1}{2}a - \dfrac{p2}{2a}$, et $g = \dfrac{1}{2}b - \dfrac{q2}{2b}$, pour abréger, elles deviendront $f - \dfrac{px}{a}$ et g $- \dfrac{qx}{b}$.

De plus, soient le sinus, le cosinus et le rayon de l'angle mAM, égaux à s, c et r respectivement; il est évident (par le problème 55) que $\overline{AM}^2 + \overline{Am}^2 - \dfrac{2c}{r} \times AM \times Am = \dfrac{s2}{r} \times$ $\overline{AC}^2$, ou $\overline{f - \dfrac{px}{a} + g - \dfrac{qx}{b} - \dfrac{2c}{r} \times f - \dfrac{px}{a} \times g - \dfrac{qx}{b}} = \dfrac{s^2 x^2}{r^2}$, qui étant réduite, donne..... $\overline{\dfrac{p^2}{a^2} + \dfrac{q^2}{b^2} - \dfrac{2cpq}{rab} - \dfrac{s^2}{r^2}}$ $\times x^2 - \overline{\dfrac{bp}{a} + \dfrac{gq}{b} - \dfrac{egp}{ra} - \dfrac{cfq}{rb}} \times 2x = -f^2 - g^2 - \dfrac{2cfg}{r}$.

Ainsi, faisant les substitutions nécessaires dans les coefficiens de x, etc., on connaîtra la valeur de x, et par son moyen la position du point C.

SOLUTION GÉOMÉTRIQUE.

(*Fig.* 65). Si on coupe AB en deux parties égales en F, et qu'on prenne FG égale à la troisième proportionnelle à 2 AB et PQ = BC — AC: on aura GM $= \dfrac{AC \times PQ}{AB}$ (par le problème 49), coupent de même AE en f, et faisant fg égale à la troisième proportionnelle à 2 AE et RS = EC — AC, on aura aussi $gm = \dfrac{AC \times RS}{AE}$; ainsi il est évident que GM et

— 60 —

gm sont en raison de $\dfrac{PQ}{AB}$ et $\dfrac{RS}{AE}$, ou de PQ à $\dfrac{AB \times RS}{AE}$; ou

enfin de IG à ig, en prenant $GI = PQ$ et $gi = \dfrac{AB \times RS}{AE}$.

Donc si on mène GH et gH, de même que IK et iK se coupant en H et en K, le point C tombera nécessairement sur la ligne de, qui passe par H et K, puisqu'alors seulement on aura GM : GI :: HC : HK :: gm : gi, ou en alternant GM : gm :: GI : gi.

Raisonnant de même, par les triangles semblables ACB, BEC, on trouvera la position d'une autre ligne dans laquelle tombera le point C, et dont le point d'intersection avec de, sera le point demandé.

Mais comme ce cas, par la position de de ainsi donnée, est présentement réduit au problème 49, le reste de la solution sera donnée par une méthode différente, selon laquelle, et ce qui a été démontré ci-dessus, je fais la construction suivante :

CONSTRUCTION.

Prenez fg, troisième proportionnelle à 2AE et RS, et gi quatrième proportionnelle à AE, AB et RS; faites EG troisième proportionnelle à 2AB et PQ et GI = PQ; menez la ligne de par les points d'intersections des perpendiculaires GH, gH; IK et iK; décrivez du centre K avec le rayon AB un arc de cercle, et par A menez HL le rencontrant en L, alors menant AC parallèle à la ligne LK, le problème sera résolu. Par ce moyen, la solution trigonométrique est aussi trouvée.

De cette construction, on tire la solution du problème pour décrire un cercle qui touche trois cercles donnés.

LEMME.

Si du sommet d'un triangle on mène une ligne droi e qui divise la base en raison de deux nombres donnés, la somme des multiples des carrés des deux côtés, dont les facteurs sont les nombres donnés, pris alternativement, sera égale à la somme du rectangle des deux parties de la base et du carré

— 64 —

de la ligne qui divise la base prise autant de fois qu'il y a d'unités dans la somme des deux nombres donnés.

DÉMONSTRATION.

Car soient AD et BD chacun coupés en deux également en M et N, et sur AB la perpendiculaire CE, alors $\overline{AC}^2 - \overline{DC}^2$ $= AD \times 2\,ME$ Ainsi il est évident que $m \times \overline{AC}^2 - m \times$ $\overline{DC}^2 = m \times AD \times 2\,ME$ (m étant un des nombres donnés, et n l'autre), on trouvera de même $n \times \overline{BC}^2 - n \times \overline{DC}^2 =$ $n \times BD \times 2\,NE$; donc ajoutant ces deux équations m $\times \overline{AC}^2 + n \times \overline{BC}^2 - \overline{m+n} \times \overline{DC}^2 = m \times AD \times 2\,ME + n$ $\times BD \times 2\,NE$; mais $m : n :: BD .. AD :: BD \times 2\,NE : AD$ $\times 2\,NE$; donc $n \times BD \times 2\,NE = m \times AD \times 2\,NE$; mettant ces quantités égales en la place des premières, on aura m $\times \overline{AC}^2 + n \times \overline{BC}^2 - \overline{m + n} \times \overline{DC}^2 = m \times AD \times 2\,ME + m$ $\times AD \times 2\,NE = m \times \overline{AD \times 2\,ME \times AD \times 2\,NE} = m \times AD$ $\times AB = \overline{m + n} \times AD \times DB$, parce que $m : \overline{m+n} :: BD :$ AB; et par conséquent $m \times \overline{AC}^2 + n \times \overline{BC}^2 = \overline{m+n} \times \overline{DC}^{2}$ $+ \overline{m + n} \times AD \times BD$, ce qu'il faut démontrer.

Il est évident que si au lieu des nombres m et n, on supposait des lignes données, on aurait la somme des solides $m \times \overline{AC}^2$ et $n \times \overline{BC}^2$, égale à la somme des solides $\overline{m + n}$ $\times \overline{DC}^2$ et $\overline{m + n} \times AD \times BD$.

PROBLÈME LVIII.

De plusieurs points donnés, mener des lignes qui se rencontrent sur une ligne donnée de position, de sorte que la somme de leurs carrés soit une quantité donnée. (*Fig.* 66).

SOLUTION ALGÉBRIQUE.

Soient abaissés des points donnés A, B, C, D etc., sur la ligne MN donnée de position, les perpendiculaires QA, BR, CS, etc. Prenant donc $AQ = a$, $BR = b$, $CS = c$, $DT = d$,

$EV = e$, $QR = r$, $QS = s$, $QT = t$, $QP = x$, et la quantité donnée égale à K^2; alors RP étant égal à $x - r$, et SP à $x - s$, etc., on aura :

$$\left.\begin{aligned}
\overline{AP}^2 &= a^2 + x^2 = K^2 \\
\overline{BP}^2 &= b^2 + x^2 - 2rx + r^2 \\
\overline{CP}^2 &= c^2 + x^2 - 2sx + s^2 \\
\overline{DP}^2 &= d^2 + x^2 - 2tx + t^2 \\
&\text{etc.}
\end{aligned}\right\} = K^2.$$

Prenant $a^2 + b^2 + c^2 + d^2 +$ etc. $= f^2$, $r + s + t +$ etc. $= g$, et $r^2 + s^2 + t^2 +$ etc. $= m^2$, et le nombre des points donnés n, l'équation réduite donnera $f^2 + nx^2 - 2gx + m^2 = K$; donc $x = \dfrac{g}{n} + \sqrt{\dfrac{K^2 - f^2 - m^2}{n} + \dfrac{g^2}{n^2}}.$

SOLUTION GÉOMÉTRIQUE.

(*Fig.* 67). Si on mène PQ coupant la distance AB en deux également, on aura $\overline{AP}^2 + \overline{BP}^2 = 2AQ \times 2QP$ par le lemme précédent. Et si menant QC, on prend QR égale à son tiers, on aura par le lemme $2\overline{QP}^2 + \overline{CP}^2 = 3\,QR \times CR + 3\overline{RP}^2$; ainsi ajoutant ces deux équations, et retranchant $2\overline{QP}^2$ de part et d'autre, on trouvera que $\overline{AP}^2 + \overline{BP}^2 + \overline{CP}^2 = 2\,AQ \times BQ + 3\,QR \times CR + 3\overline{RP}^2.$

Menant encore RD, et faisant RS égal à son quart, on a $3\overline{RP}^2 + \overline{DP}^2 = 4\,RS \times DS + 4\overline{SP}^2$; donc ajoutant la dernière équation et celle-ci $\overline{AP}^2 + \overline{BP}^2 + \overline{CP}^2 + \overline{DP}^2 = 2\,AB \times BQ + 3\,QR \times CR + 4\,RS \times DS + 4\overline{SP}^2.$

De même SE étant menée et ST sa cinquième partie $4\overline{SP}^2 + \overline{EP}^2 = 5\,ST \times ET + 5\overline{TP}^2$; et par conséquent $\overline{AP}^2 + \overline{BP}^2 + \overline{CP}^2 + \overline{DP}^2 + \overline{EP}^2 = 2\,AQ \times BQ + 3\,QR \times CR + 4\,RS \times DS + 5\,ST \times ET + 5\overline{TP}^2.$

Ainsi il est évident que la somme des carrés des lignes RP, QP, SP, TP, etc., menées comme ci-devant, sera toujours une quantité donnée ; en effet, la somme de leurs rectangles $2 AQ \times BQ$, $3 QR \times CR$, $4 RS \times DS$, etc., ou de leurs égaux $AB \times QB$, $QC \times RC$, $RD \times SD$, etc., est donné par la position des points A, B, C, D, etc.

Soit donc construit un rectangle égal à l'excès de la somme des carrés sur celle des rectangles dont on vient de parler ; alors cherchant une moyenne proportionnelle entre la hauteur et la partie de la base exprimée par le nombre des points donnés, laquelle étant prise pour rayon et le dernier des points Q, R, S, T, etc., pris pour centre, on décrira une circonférence qui coupera MN au point demandé.

Si, au lieu d'une ligne droite, on proposait la circonférence d'un cercle, ou quelqu'autre courbe, la construction serait encore la même.

SCOLIE.

Si $a \times \overline{AP}^2 + b \times \overline{BP}^2 + c \times \overline{CP}^2 + d \times \overline{DP}^2$, etc. ($a$, b, c, etc., représentant des nombres ou des lignes) est supposé donné, le point P sera toujours sur la circonférence d'un cercle déterminé de même par le lemme précédent.

Car prenant, dans ce cas $\begin{cases} AQ : BQ :: b : a \\ QR : RC :: c : a+b \\ RS : DS :: d : a+b+c \\ ST : ET :: e : a+b+c+d; \end{cases}$

et alors procédant comme ci-dessus, on trouvera que $a \times \overline{AP}^2 + b \times \overline{BP}^2 + c \times \overline{CP}^2$ etc. $= \overline{a+b} \times AQ \times BQ \times \overline{a+b+c} \times QR \times RC + \overline{a+b+c+d} \times RS \times SD + \overline{a+b+c+d+e} \times ST \times TE + \overline{a+b+c+d+e} \times \overline{TP}^2$,
ainsi, il est évident que TP est une quantité donnée.

PROBLÈME LIX.

Une pièce de 12 légère étant pointée à 3°, 33′, trouver la hauteur à laquelle la ligne s'élève à la distance de 12,000 mètres, qui est à peu près la portée de celle sous l'angle de 3°, 33.

— 64 —

SOLUTION TRIGONOMÉTRIQUE.

On sait que la ligne de mire fait avec l'axe un angle de 1° 7' 15"; ainsi cette ligne n'est inclinée à l'horizon que de 3° 33' — 1° 7' 15" = 2° 25' 85", et la hauteur d'un de ses points à la distance horizontale de 1200 m, est le côté de l'angle droit d'un triangle rectangle que l'on trouve à l'aide de la proportion.

R : tang. 2° 25' 85" :: 1200 : hauteur cherchée;

De là log. tang. 2° 25' 85" = 8,5501222

Log 1,200 = 3,0791812

La hauteur cherchée est de

42ᵐ, 59. log. hauteur.,.... = 1,6293034 = 42ᵐ, 590.

Melun. — Imprimerie de DESRUES.

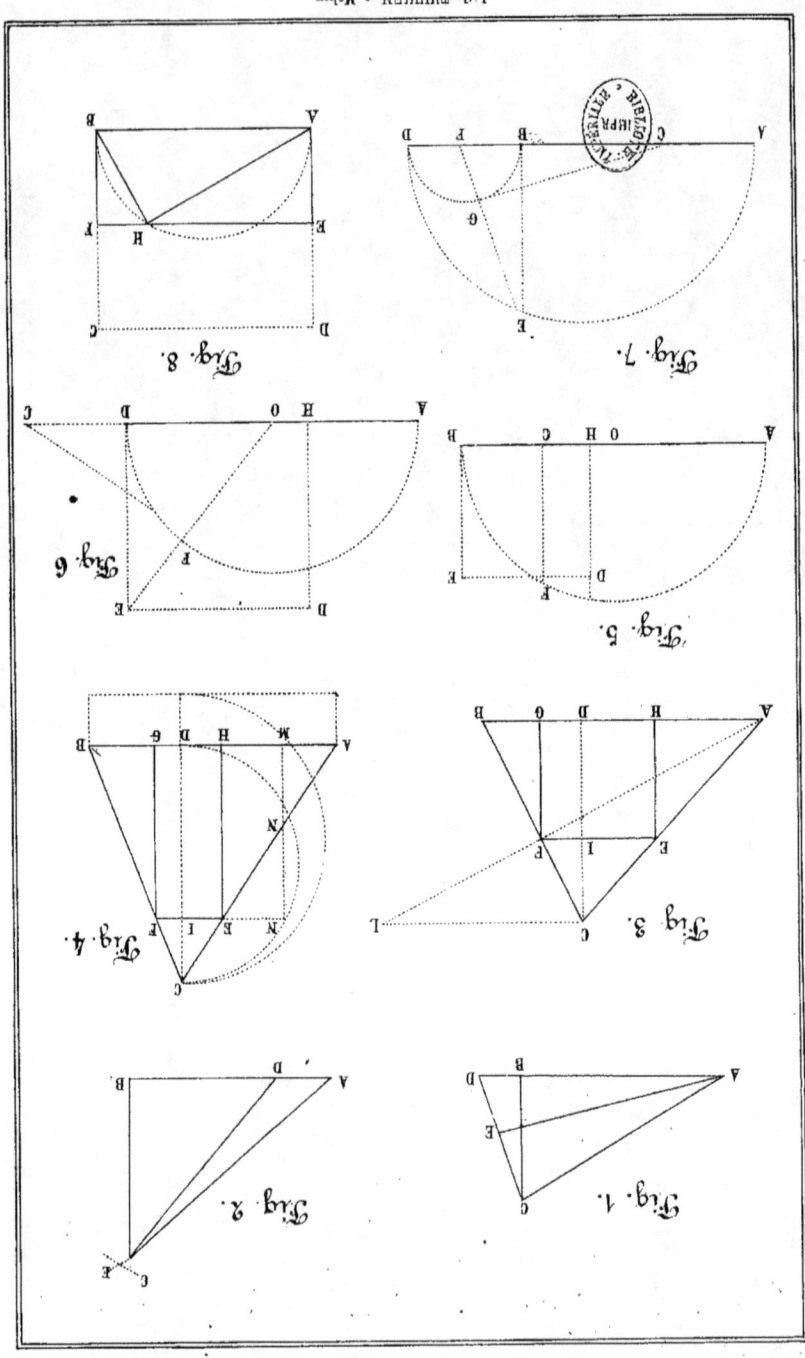

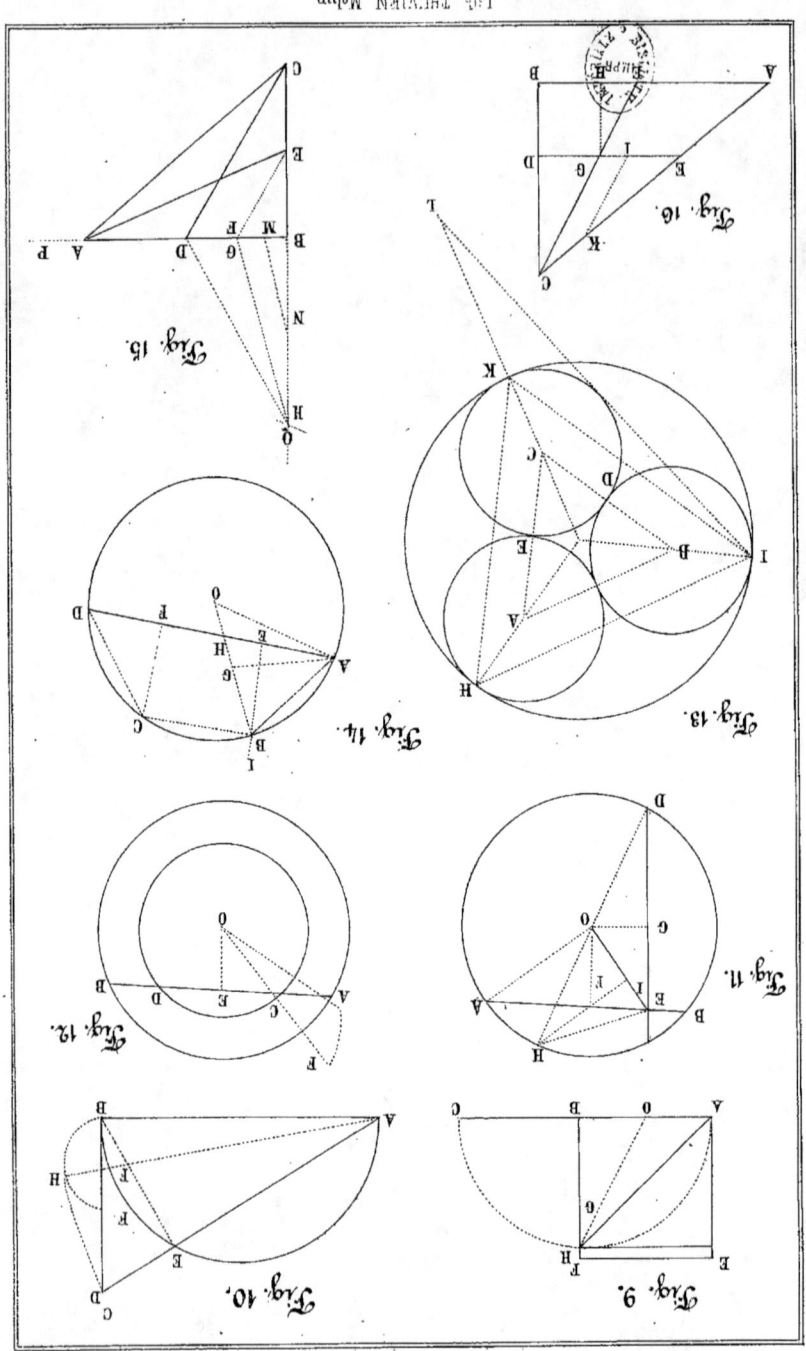

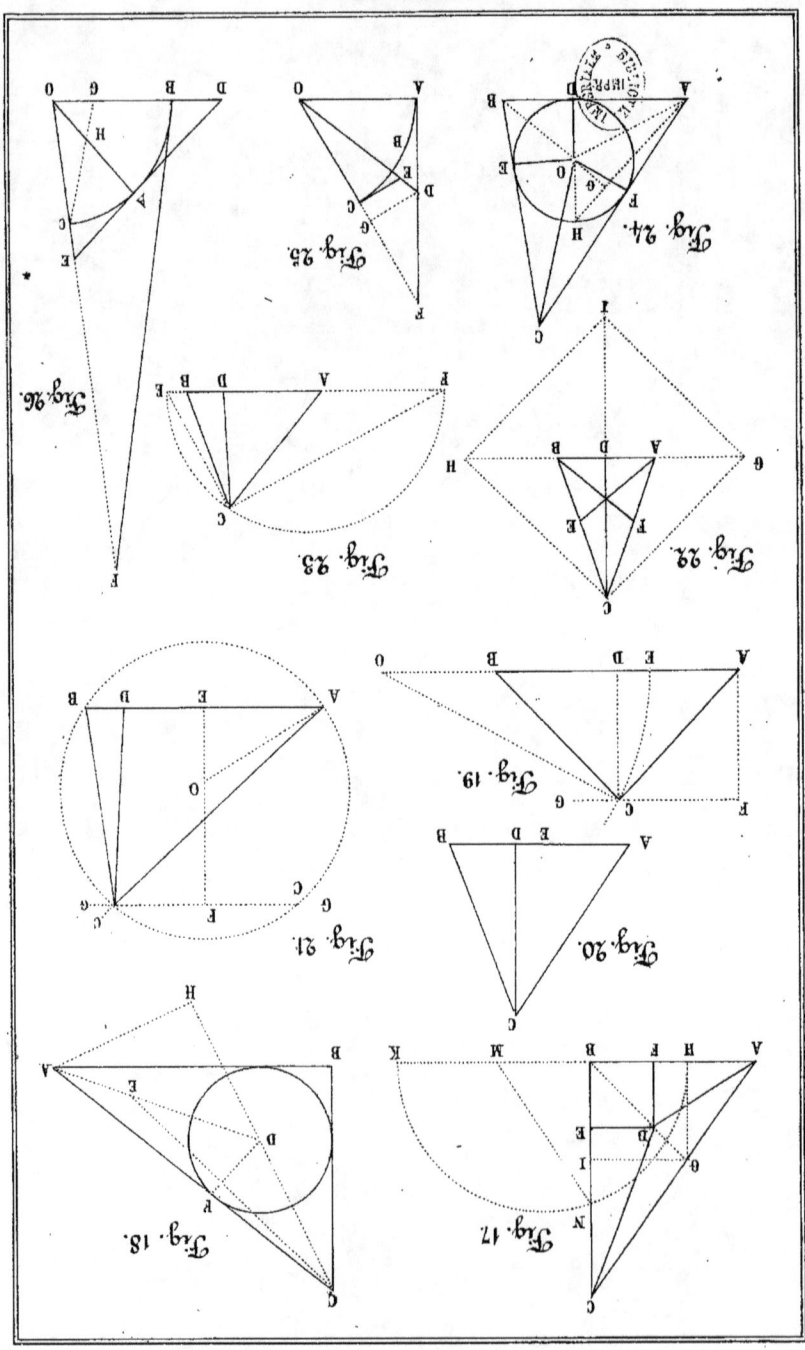

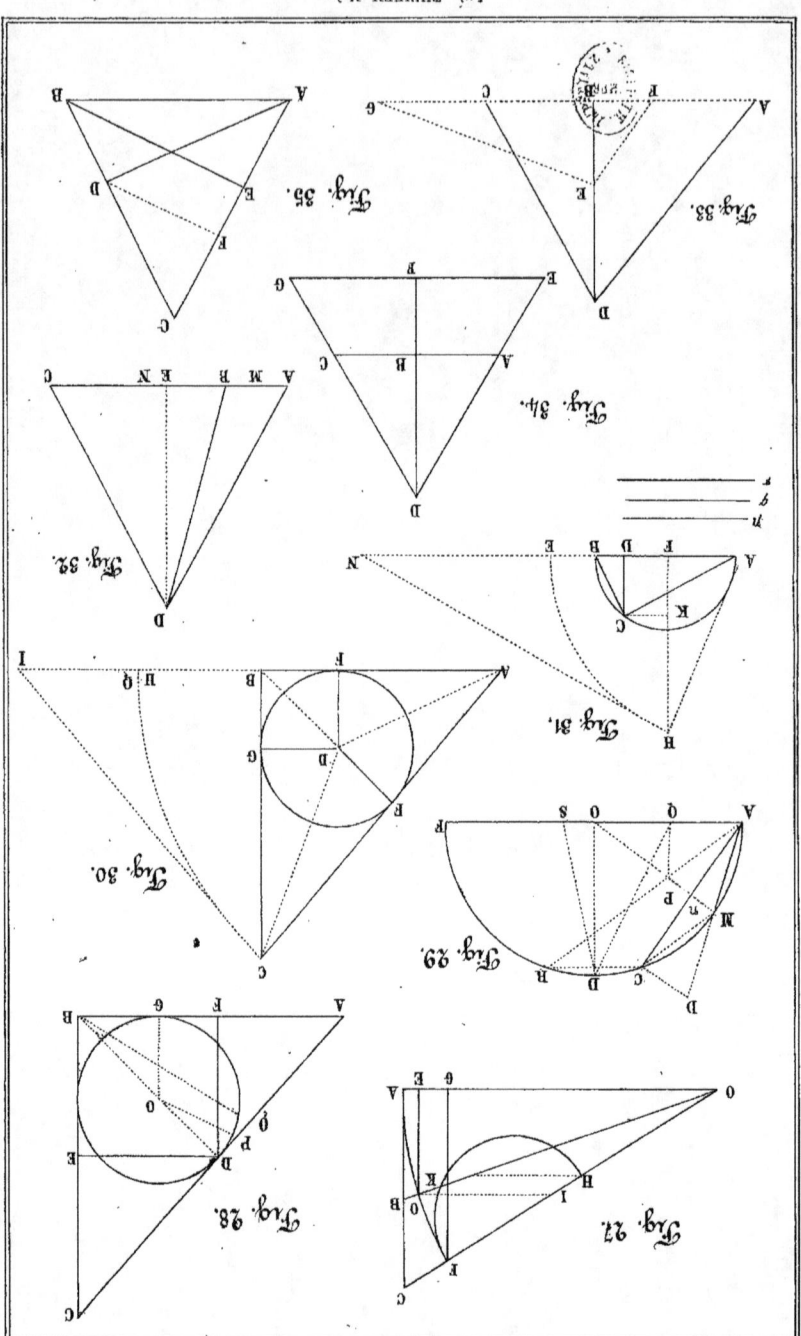

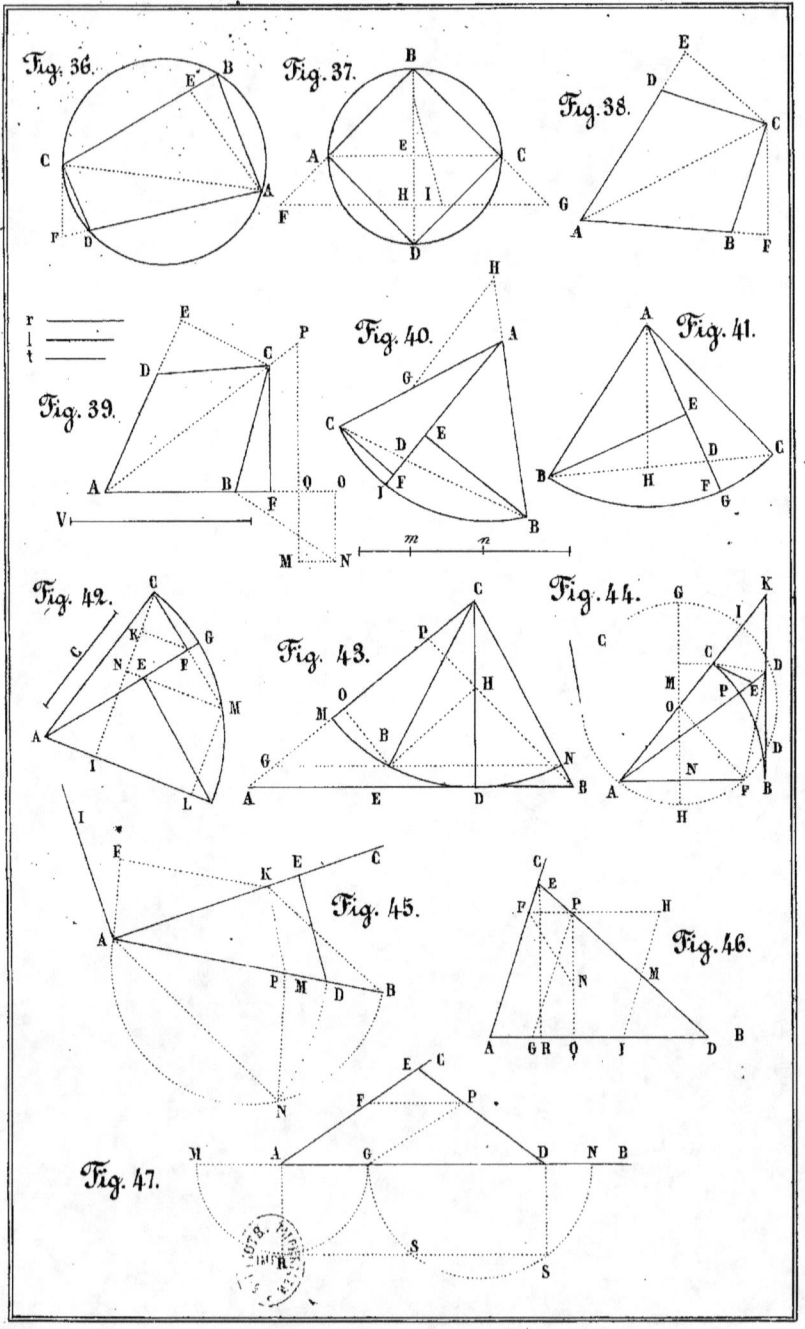

Lith. THUVIEN, à Melun.

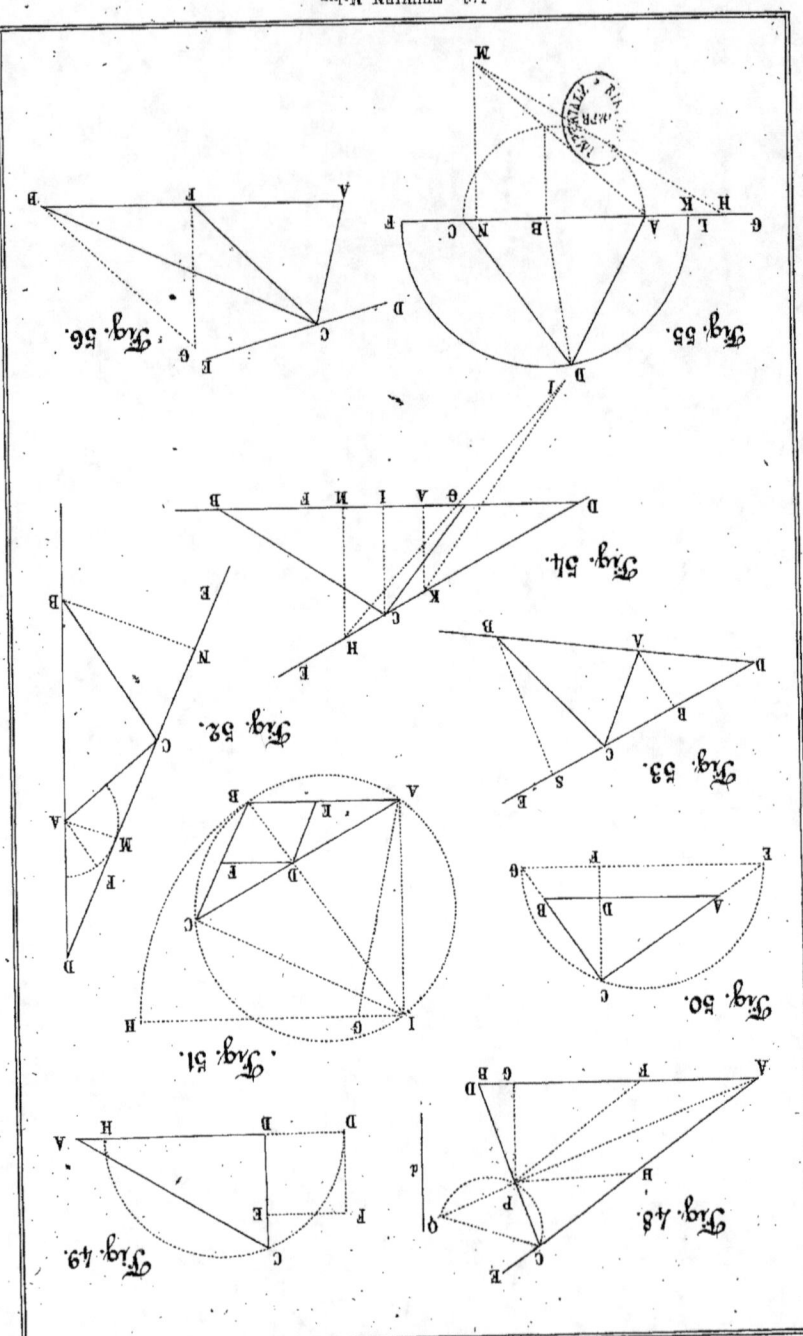

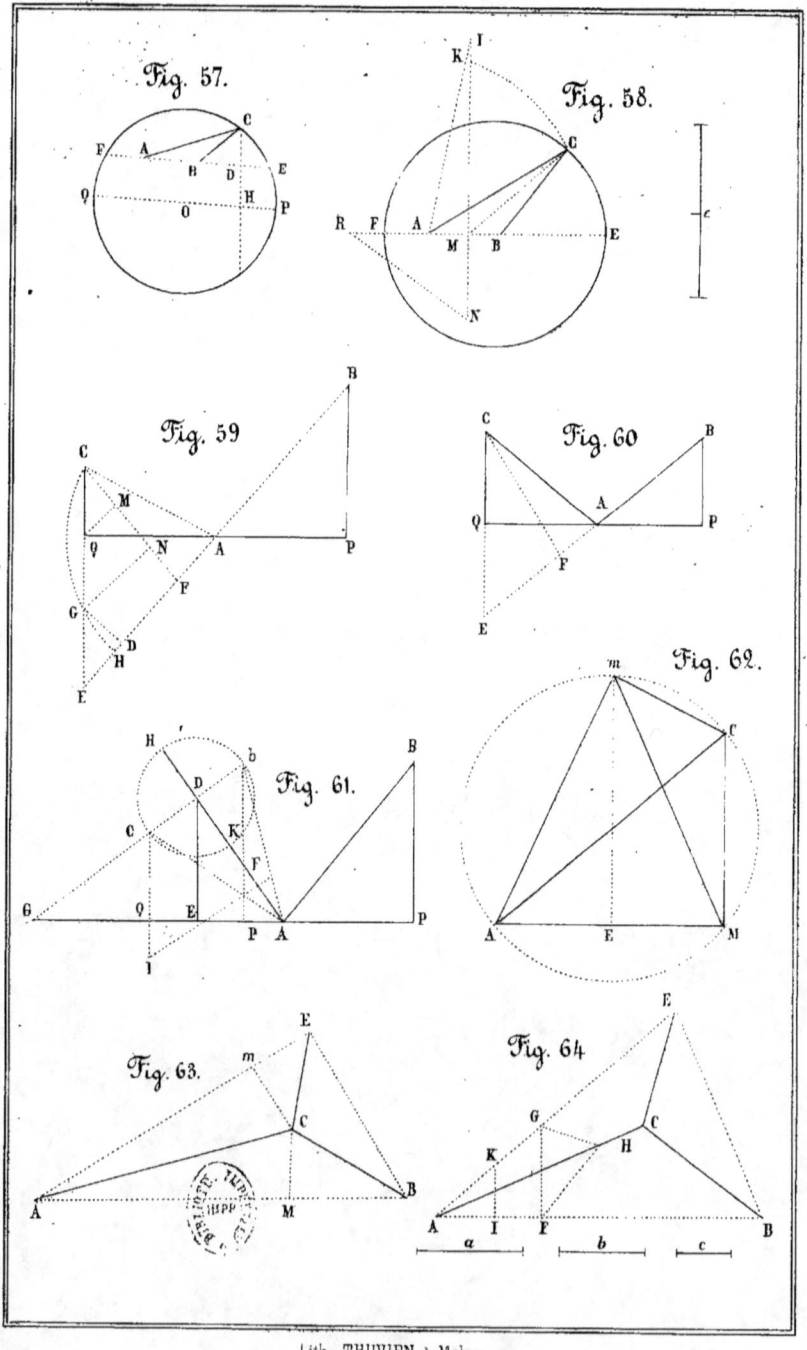

Fig. 57.

Fig. 58.

Fig. 59

Fig. 60

Fig. 61.

Fig. 62.

Fig. 63.

Fig. 64

Lith. THUVIEN, à Melun.

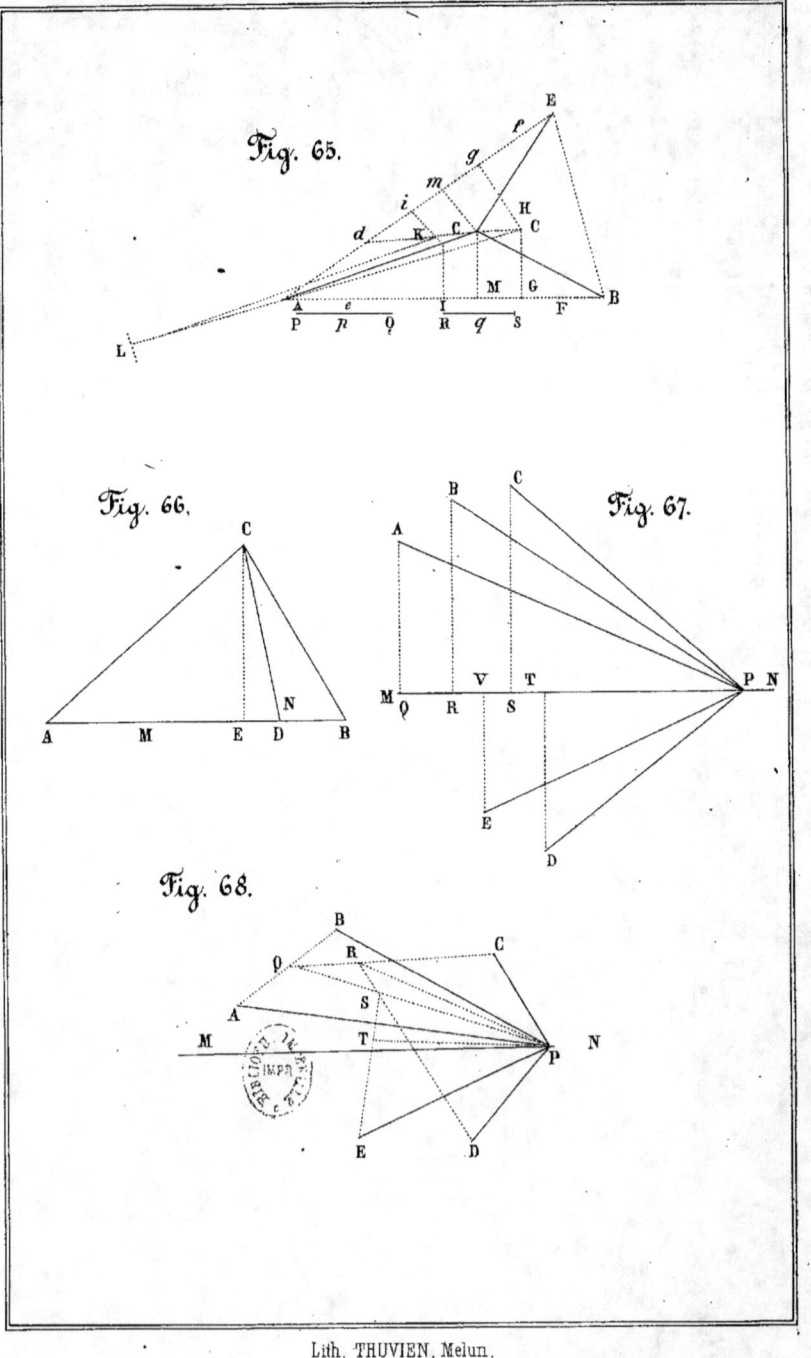

Fig. 65.

Fig. 66.

Fig. 67.

Fig. 68.

Lith. THUVIEN, Melun.

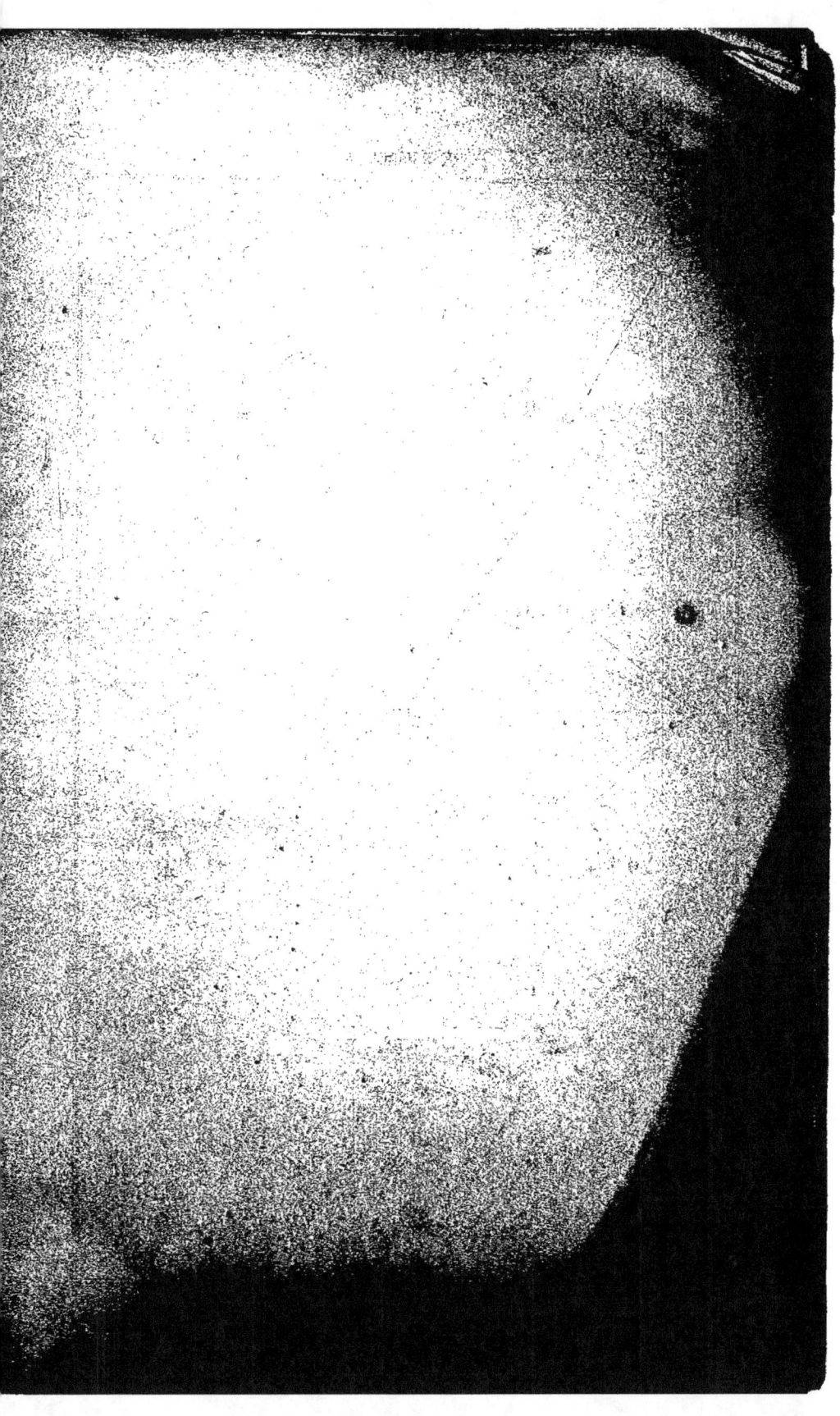